U0197576

国家出版基金项目
NATIONAL PUBLICATION FOUNDATION

"十四五"时期国家重点出版物出版专项规划项目
新一代人工智能理论、技术及应用丛书

电力系统人工智能典型应用

黎灿兵　田英杰　周　珑
杨函煜　文　明　吴　裔　著

科学出版社

北　京

内 容 简 介

本书围绕人工智能技术在电力系统中的应用，探讨数据分析、负荷预测、设备故障预测、新能源发电功率预测、优化调度等关键技术。第1～4章以人工智能技术的主要应用领域预测为切入点，探讨负荷预测、故障概率预测、新能源发电功率预测领域常见的人工智能技术，着重讨论时间序列的累积效应、城市微气象与电力空调负荷的交互影响对预测结果的影响；第5和6章聚焦大数据下电力系统智能决策问题，分别提出虚拟发电厂优化调度、安全约束机组组合图建模方法和基于负荷预测可信度与时间弹性的备用容量规划方法；第7章构建智能电网管理水平评价体系。

本书可供高等院校电气工程专业高年级本科生、研究生和电力系统运行控制及电力信息化企业从业人员和相关领域科技工作者参考。

图书在版编目（CIP）数据

电力系统人工智能典型应用 / 黎灿兵等著. -- 北京：科学出版社，2024. 10. --（新一代人工智能理论、技术及应用丛书 / 李衍达主编）. -- ISBN 978-7-03-079652-3

Ⅰ. TM7-39

中国国家版本馆 CIP 数据核字第 2024T7G033 号

责任编辑：张艳芬 李 娜 / 责任校对：崔向琳
责任印制：赵 博 / 封面设计：陈 敬

科学出版社 出版
北京东黄城根北街 16 号
邮政编码：100717
http://www.sciencep.com
三河市春园印刷有限公司印刷
科学出版社发行 各地新华书店经销

*

2024 年 10 月第 一 版 开本：720×1000 1/16
2025 年 3 月第二次印刷 印张：10 3/4
字数：217 000
定价：**120.00 元**
（如有印装质量问题，我社负责调换）

"新一代人工智能理论、技术及应用丛书"序

科学技术发展的历史就是一部不断模拟和扩展人类能力的历史。按照人类能力复杂的程度和科技发展成熟的程度，科学技术最早聚焦于模拟和扩展人类的体质能力，这就是从古代就启动的材料科学技术。在此基础上，模拟和扩展人类的体力能力是近代才蓬勃兴起的能量科学技术。有了上述的成就做基础，科学技术便进展到模拟和扩展人类的智力能力。这便是20世纪中叶迅速崛起的现代信息科学技术，包括它的高端产物——智能科学技术。

人工智能，是以自然智能(特别是人类智能)为原型、以扩展人类的智能为目的、以相关的现代科学技术为手段而发展起来的一门科学技术。这是有史以来科学技术最高级、最复杂、最精彩、最有意义的篇章。人工智能对于人类进步和人类社会发展的重要性，已是不言而喻。

有鉴于此，世界各主要国家都高度重视人工智能的发展，纷纷把发展人工智能作为战略国策。越来越多的国家也在陆续跟进。可以预料，人工智能的发展和应用必将成为推动世界发展和改变世界面貌的世纪大潮。

我国的人工智能研究与应用，已经获得可喜的发展与长足的进步：涌现了一批具有世界水平的理论研究成果，造就了一批朝气蓬勃的龙头企业，培育了大批富有创新意识和创新能力的人才，实现了越来越多的实际应用，为公众提供了越来越好、越来越多的人工智能惠益。我国的人工智能事业正在开足马力，向世界强国的目标努力奋进。

"新一代人工智能理论、技术及应用丛书"是科学出版社在长期跟踪我国科技发展前沿、广泛征求专家意见的基础上，经过长期考察、反复论证后组织出版的。人工智能是众多学科交叉互促的结晶，因此丛书高度重视与人工智能紧密交叉的相关学科的优秀研究成果，包括脑神经科学、认知科学、信息科学、逻辑科学、数学、人文科学、人类学、社会学和相关哲学等学科的研究成果。特别鼓励创造性的研究成果，着重出版我国的人工智能创新著作，同时介绍一些优秀的国外人工智能成果。

尤其值得注意的是，我们所处的时代是工业时代向信息时代转变的时代，也是传统科学向信息科学转变的时代，是传统科学的科学观和方法论向信息科学的科学观和方法论转变的时代。因此，丛书将以极大的热情期待与欢迎具有开创性的跨越时代的科学研究成果。

　　"新一代人工智能理论、技术及应用丛书"是一个开放的出版平台，将长期为我国人工智能的发展提供交流平台和出版服务。我们相信，这个正在朝着"两个一百年"目标奋力前进的英雄时代，必将是一个人才辈出百业繁荣的时代。

　　希望这套丛书的出版，能给我国一代又一代科技工作者不断为人工智能的发展做出引领性的积极贡献带来一些启迪和帮助。

前　　言

　　构建以新能源为主体的新型电力系统是实现清洁低碳、安全高效的能源体系转型的关键。在高比例新能源并网与大量电力电子设备接入的背景下，电网运行特性的不确定性和复杂程度不断提高，安全性和稳定性面临严峻挑战。面对新形势，未来电力系统在电源结构、负荷特性、电网形态、技术基础与运行特性等方面都将发生深刻变革，对当前系统的感知、认知、决策能力提出了更高要求。与此同时，随着大数据与计算机硬件技术的发展以及数字革命与能源革命的不断融合，以数字化、网络化、智能化为特征的新一代信息技术日益创新突破，以海量数据驱动的人工智能技术将有助于实现电力系统全环节的可观、可测和可控，成为推动新型电力系统数字化变革的关键驱动技术之一。

　　电力系统是一个复杂多维非线性系统。电力系统的安全、自愈、绿色、坚强、可靠运行依赖电力系统的"大脑"——电网调控系统。作为集电网数据采集、存储和分析决策控制于一体的电网调控系统，其调控决策离不开贯穿于电力的发-输-配-用各个环节海量数据的支撑与辅助决策。随着智能电网建设和物联网的应用，电力数据呈现出快速爆炸式增长的势头，传统的基于机理分析与电网模型的负荷预测方法、运行调控方法和图像识别方法，在处理大电网复杂问题时，很难达到预期效果。伴随深度学习等人工智能技术的飞速发展，基于数据驱动方式的人工智能技术在解决上述问题方面具有潜在的"去模型化"技术优势。例如，利用人工智能在电网安全运行与控制领域的基础理论和技术体系，强化特大电网安全控制能力；通过构建输变电环节智能化体系，显著提升输变电环节智能化管理水平；利用基于人工智能的信息感知、智能预警及辅助决策技术，提升配用电系统运行、维护及服务水平；研究人工智能技术在新能源并网、预测及消纳领域的智能决策作用，实现新能源并网与人工智能的深度融合。

　　电力领域早在二十世纪七八十年代便开展了人工智能的相关研究，从早期将专家系统、决策树、神经网络等技术引入故障分类和负荷预测等领域，到近年来将深度学习、强化学习等新一代人工智能技术引入设备缺陷识别、电网调度控制等领域，引发了新的研究热点。本书针对当前人工智能技术在电力系统涌现的新典型应用场景，总结作者近十年来在电力系统人工智能技术应用领域的研究成果，着重介绍新一代人工智能技术在电力系统态势感知、决策优化技术等方面的研究进展，提出基于人工智能的负荷预测、电力设备故障概率预测、新能源功率与负荷预测方法、基于智能预测的电力系统优化调度与资源配置模型，以及基于人工智能技术的智能电网管理水平综合评价方法。为后续开展电力系统的数字化、信息化、智能化建设提供基础支撑，提升电网的安全性、可靠性和灵活性。

本书共7章。第1、2章由黎灿兵撰写；第3章由田英杰和吴裔撰写；第4～6章由黎灿兵、杨函煜和文明撰写；第7章由周珑撰写。

特别感谢湖南大学周斌教授，博士生方八零、李龙、刘绪斌、张迪、曾龙，硕士生刘玙、周金菊、何丽娜、刘曦等，他们为本书的撰写提供了大量的意见和建议。

限于作者水平，书中难免存在疏漏及不足之处，恳请广大读者批评指正。

目　　录

第1章 时间序列中的累积效应

1.1 概 述

预测是人工智能的一个重要应用领域，所有的决策都基于预测。高质量的预测是高质量决策的基础。近十年来，预测方法是人工智能应用最广泛的一个技术领域，也是最早在电力系统中应用的技术环节，如负荷预测、设备故障概率预测、新能源电源出力预测等。

时间序列是预测的主要对象。累积效应是时间序列受相关因素影响时存在的一种滞后效应，即某个影响因素对待预测量的影响，除了相同时刻，还对之后一段时间的待预测量有影响。累积效应广泛存在于时间序列的变化中，是制约时间序列预测准确率的一个重要因素。累积效应使时间序列的变化规律复杂化，变量增多，非线性程度提高，不确定性增强。准确考虑累积效应的影响，是时间序列预测的关键，也是人工智能技术应用于预测的关键。

1.2 累积效应的基本内涵及典型现象

1.2.1 累积效应定义

累积效应的提出来源于环境科学领域对环境的影响评估。累积效应是指单一行为在较短时间内对环境产生的影响可能不太明显，甚至容易被忽略，但是在对多种行为的多次活动进行叠加后，可能会在较大空间和较长时间内产生潜在和显著的影响。后来，累积效应在其他学科的适用性，使自变量对因变量的影响有时滞效果。累积效应这一概念在经济学、心理学、气象学和能源科学等领域都得到了更为广泛的应用。在能源科学领域，累积效应主要反映的是能源和气象环境连续复杂变化而产生的对人类感知和人类决策的影响。时间序列可以理解为随时间推移而观测到的序列值，并按照时间顺序排列。时间是一个连续的变量，在实践中，通常以固定时间间隔来记录序列值。时间序列预测中广泛存在的累积效应使得各影响因素对目标参数的影响存在时间滞后。即使在两个外部因素完全相同的时刻，目标参数也可能相差很大。因此，在时间序列的预测中，应充分考虑累积效应的影响。

  累积效应的表现形式多种多样，但是其共同点是研究对象会受到目标参数存在的动态变化规律的影响。其对负荷影响的典型现象表现为：若某地区长时间处于高温状态，则该地区的负荷将处于较高水平。这时，即使温度有所下降，负荷减小的程度也不明显，甚至可能不降反升；相反地，在凉爽天气持续一定时间后，即使温度突然上升到较高水平，负荷上升也不明显。本书将这种负荷滞后于温度变化的现象称为温度累积效应，即前若干日的高温累积作用于待预测日。人体感官对温度变化有一个适应的过程，是产生累积效应的根本原因[1,2]。累积效应在大中城市中表现得越来越明显，已成为影响负荷变化的重要因素，在部分情况下甚至是主导因素。一般而言，空调负荷所占的比例越大，温度累积效应越明显，表现为持续高温情况下的累积效应和持续低温情况下的累积效应[3-5]。存在累积效应影响的数据不仅受同期其他数据的影响，还会受到之前数据的影响，而且针对不同的区间，累积效应作用的强弱也不同。图 1-1 和图 1-2 分别是我国某市 2008 年7 月 1 日～6 日的温度及其同期的负荷变化情况。

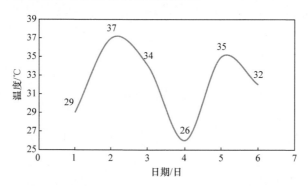

图 1-1 某市 2008 年 7 月 1 日～6 日温度变化情况

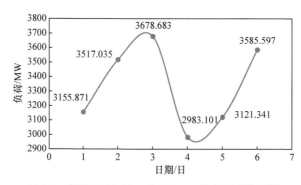

图 1-2 某市 2008 年 7 月 1 日～6 日负荷变化情况

  观察图 1-1 可以发现，7 月 2 日的温度为 37℃，7 月 3 日的温度为 34℃。这两天处于连续的高温状态。7 月 4 日的温度为 26℃，回到了一个相对而言温度较低的状态，之后在 7 月 5 日温度又攀升到 35℃的高温；观察图 1-2 可以发现，7月 1 日至 7 月 2 日，负荷随着温度的升高而升高，而在 7 月 3 日的时候负荷达到了最高点。此时，对比图 1-1 和图 1-2 可以发现，从 7 月 2 日到 7 月 3 日，温度从 37℃下降到了 34℃，而负荷却从 3517.035MW 进一步上升到了 3678.683MW。由于 7 月 2 日和 7 月 3 日的温度都处于高温状态，在累积效应的影响下，即使 7月 3 日的温度相对前一天的温度有所下降，但是负荷也会进一步攀升。进一步，对于 7 月 5 日，当天温度为 35℃，相对于 7 月 3 日的温度还要高出 1℃，但是当天的负荷相对于 7 月 3 日当天的负荷却下降了接近 15%。这是因为在 7 月 5 日这一天，其前一天处于一个温度相对较低的状态，没有高温累积效应的影响，导致其负荷水平低于 7 月 3 日的负荷水平。

1.2.2　影响累积效应强度的因素

在不同条件下，累积效应的强度不同。累积效应的强度受到多种因素的影响，主要包括高温期间温度高低、高温持续时间、待预测日温度等。用温度修正值来反映累积效应，既可以反映累积效应对负荷的影响，又能够充分利用现有的负荷预测方法。因此，当对待预测日温度进行修正时，必须把上述影响因素考虑在内。温度累积效应影响的常见规律如下：

(1) 当待预测日最高温度大于 38℃或者日最高温度小于 28℃时，温度累积效应的作用不明显。其根本原因是：当温度很高时，无论前若干日温度如何，空调负荷基本都已开启；当温度较低时，无论前若干日温度如何，空调负荷基本都已关闭。

(2) 当待预测日最高温度处于 28～38℃时，累积效应对负荷变化的影响比较明显；当待预测日最高温度处于 33～34℃时，累积效应对负荷变化的影响最为明显。在这种情况下，累积效应的强度基本由待预测日以及前 3 天以内的最高温度决定。

高温持续天数对累积效应的强度也有一定的影响，但当持续 3 天及以上时，累积效应的强度对高温持续天数不再敏感。因此，本小节考虑 3 天以内的温度，对待预测日的最高温度进行修正。

1.2.3　考虑累积效应的温度修正公式

基于以上分析，本小节建议按式(1-1)考虑累积效应来对待预测日的温度进行修正：

$$T' = (1-k)T_0 + kT_1 - \sum_{i=0}^{p} k^{i+1}(T_i - T_{i+1}) \tag{1-1}$$

式中，T'为考虑累积效应后的待预测日最高温度修正值；T_0为待预测日最高温度；

T_i 为待预测日 i 天前温度的真实值；k 为累积效应系数；$p = \min(n,3)$，n 为日最高温度连续高于 28℃的天数。

由式(1-1)可以发现，T_0 对累积效应系数 k 的影响最大，当 $T_0 < 28℃$时，$k=0$；当 $T_0 > 38℃$时，$k=0$。当日最高温度处于 28～38℃时，k 值将根据 T_0 的大小进行调整，k 越大，表明累积效应越明显。

为了便于表明修正后的温度能够提高预测精度，引入相关系数 R_{cc} 作为参考：

$$R_{cc} = \frac{n\sum_{i=1}^{n} L_i T_i - \sum_{i=1}^{n} L_i \sum_{i=1}^{n} T_i}{\sqrt{n\sum_{i=1}^{n} L_i^2 - \left(\sum_{i=1}^{n} L_i\right)^2} \sqrt{n\sum_{i=1}^{n} T_i^2 - \left(\sum_{i=1}^{n} T_i\right)^2}} \tag{1-2}$$

式中，L_i 为待预测日 i 天前的实际负荷。

R_{cc} 的取值区间为[0,1]，R_{cc} 越大，说明两个变量之间的相关程度越大。分别计算待预测日最高温度原始值与最高 $f(k_i, L)$ 负荷之间的相关性、待预测日最高温度修正值与最高负荷之间的相关性，两者的对比可以表明温度的修正效果。

由于累积效应强度取决于待预测日最高温度 T_0，所以 k 值应该根据待预测日最高温度来确定。基于对历史数据的分析，下面给出 k 的求解方案：

(1) 根据待预测日最高温度，对 k 进行离散化处理。

(2) 在求解 $k_i (1 \leqslant i \leqslant 8)$ 时，首先通过曲线拟合方法建立负荷和温度的函数 $f(T, L)$，然后将式(1-1)变形后代入该函数成为式(1-3)，最后使用最小二乘法求解累积效应系数 k_i，求解公式为

$$\min y = f(T, L) = f(k_i, L) \tag{1-3}$$

式中，L 为负荷值；y 为利用最小二乘法得出的残差函数；T 为实际温度。

在计算结果中，可能出现部分参数缺失的问题，可以通过采取扩大数据范围、选取相似日的方法来解决。

1.3   面向中长期负荷预测的常见信息聚合方法

基于电力数据体量大、类型多、商业价值高的特点，电力部门广泛运用信息聚合技术分析海量数据，挖掘其潜在的规律和价值。信息聚合方法的定义为：从多维信息的视角对信息进行获取、处理和融合，目的是获得信息间的内在联系和规律[6]。为分析累积效应是否存在，需先通过信息聚合方法对数据进行处理，以提取有效信息。信息聚合方法在电力负荷预测的应用中主要分为分类法和聚类法。分类法根据算法设置的相似度将数据对象划分成多个类,所要划分的类是未知的。

聚类法以数据间的相似度为指标，对多组影响因素进行聚类。

1.3.1 聚类法

聚类法是对一组负荷影响因素数据进行聚类的方法，聚类后的数据即构成了一组分类，聚类分析划分的类是未知的，需要根据实际聚类分析需求设定。本书以上海市 2003～2016 年电力及各类经济指标(包括各年度总用电量、地区生产总值(gross domestic product，GDP)、年末户籍人口总数、居民消费水平、居民消费价格指数、城镇人均可支配收入、城镇人均支出、财政收入、财政支出、地方财政资源勘探电力信息等事务支出、全社会固定投资额等经济指标)为例，首先采用相关分析法和回归分析法来分析不同变量之间的相关程度，相关分析与回归分析的关系如图 1-3 所示。

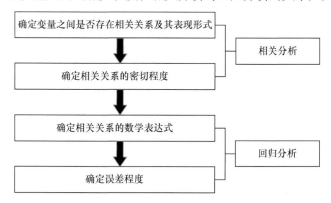

图 1-3 相关分析与回归分析的关系

对以上指标进行相关性分析，结果如表 1-1 所示，相关参数与年度总用电量的相关系数分布图如图 1-4 所示。可以看出，上海市的年度总用电量与 GDP、全社会固定投资额、年末户籍人口总数的相关性较强；与居民消费价格指数、地方财政资源勘探电力信息等事务支出相关性较低；其中，上海市年度总用电量与 GDP、全社会固定投资额、年末户籍人口总数的相关性均超过了 0.96；与居民消费水平、城镇人均可支配收入、城镇人均支出、财政支出、财政收入的相关性超过了 0.9，保持了相对较高的水平。

表 1-1 相关性分析结果

分析变量	GDP	年末户籍人口总数	居民消费水平	居民消费价格指数	城镇人均可支配收入
相关系数	0.962	0.991	0.913	0.522	0.931
分析变量	城镇人均支出	财政支出	财政收入	全社会固定投资额	地方财政资源勘探电力信息等事务支出
相关系数	0.925	0.921	0.918	0.970	0.817

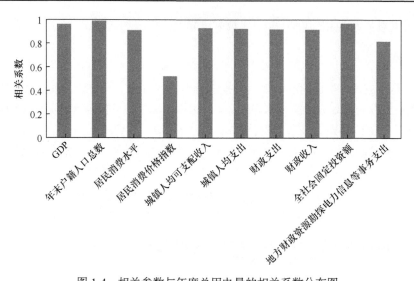

图 1-4   相关参数与年度总用电量的相关系数分布图

由此可见，城市的年度用电量与这个城市的经济指标密切相关，通过分析年度总用电量与各个经济指标之间的关系，识别各个指标可能对电力需求存在的累积效应，为中长期负荷预测提供数据理论基础。在采用线性回归分析各个经济指标与年度总用电量之间的联系后，给出回归分析结果，如表 1-2 所示，相关参数与年度总用电量的拟合优度分布图如图 1-5 所示。

表 1-2   回归分析结果

分析变量	GDP	年末户籍人口总数	居民消费水平	居民消费价格指数	城镇人均可支配收入
拟合优度	0.971	0.973	0.902	0.235	0.920
分析变量	城镇人均支出	财政支出	财政收入	全社会固定投资额	地方财政资源勘探电力信息等事务支出
拟合优度	0.902	0.951	0.956	0.960	0.774

k 均值(k-means)聚类法是基于距离的聚类法，将距离作为相似性的评价指标，认为对象之间越相近，其相似程度越高。该方法认为类是由距离靠近的对象组成的。因此，该算法的最终目标是得到紧凑且相互独立的类[7]。

假设数据集合为$(x_1,x_2,\cdots,x_n)$，并且每个 x_i 都是 d 维的向量。k-means 聚类法的目的就是将这些数据分为 k 个类别 $S=\{S_1,S_2,\cdots,S_k\}$。

k-means 聚类法的过程如下。

步骤 1：随机选取 k 个对象作为初始的聚类中心。

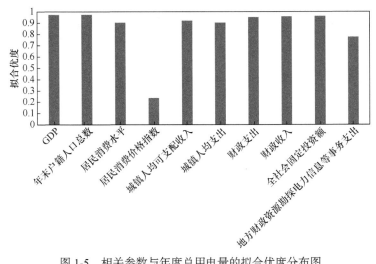

图 1-5　相关参数与年度总用电量的拟合优度分布图

步骤 2：将数据样本按照距离最小原则分配到各个邻近的类中。

步骤 3：根据聚类计算的结果，重新计算 k 个中心，并将其设为新的聚类中心。

步骤 4：重复步骤 3 直至聚类中心不再变化。

本小节采用 k-means 聚类法以数据对象到原型的某种距离为目标函数，利用函数求极值的方法得到迭代运算的调整规则。k-means 聚类法简单，收敛速度快，但是需要预先确定聚类的个数。一般采用全局误差函数作为 k-means 聚类法的误差准则函数，公式如式(1-4)所示。

$$E = \sum_{i=1}^{k} \sum_{q \in C_i} \left(q - m_i \right)^2 \tag{1-4}$$

式中，E 为误差；q 为数据对象；m_i 为类簇 C_i 的中心；k 为聚类个数。

k-means 聚类法具体步骤是：首先从输入的基础数据集 X 中随机抽取 k 个数据作为初始聚类中心；然后将每个对象通过误差准则函数分配到最类似的类簇中；更新各个类簇的聚类中心；判断目标函数是否收敛，若收敛，则结束；若不收敛，则继续执行分配对象的步骤。

利用仿真软件自带的 k-means 聚类法对收集到的指标进行聚类分析后，聚类的结果如表 1-3 所示。

表 1-3　k-means 聚类法的聚类结果

分析变量	聚类类别
GDP	1
年末户籍人口总数	2
城镇人均支出	3

续表

分析变量	聚类类别
城镇人均可支配收入	3
财政收入	3
财政支出	3
地方财政资源勘探电力信息等事务支出	4
全社会固定投资额	2
居民消费价格指数	5
居民消费水平	3

从聚类结果来看，处于第 1、2 类别的 GDP、年末户籍人口总数、全社会固定投资额与年度总用电量的相关性最强，对年度总用电量的影响最为显著。处于第 3 类别的城镇人均支出、城镇人均可支配收入、财政收入、财政支出、居民消费水平对年度总用电量的影响较大。前 3 类别的经济指标与年度总用电量的拟合优度均超过了 0.9，处于显著相关的区域范围；而处于第 4、5 类别中的地方财政资源勘探电力信息等事务支出和居民消费价格指数与年度总用电量的拟合优度则分别为 0.774与 0.235。这说明，这两类指标对年度总用电量的线性相关程度较低，影响较小。

1.3.2　多因素综合分析方法

在数据聚合的过程中，需要考虑多种因素之间的影响，各个指标之间互相牵连，其复杂关系会影响数据聚合的准确性。本节通过主成分分析法和因子分析法从多个指标中寻找具有代表性的综合指标，在尽可能保留原有数据信息量的同时，简化指标间的关系，使各个指标之间不相关。

1. 主成分分析法

主成分分析法将在常规正交坐标系的变量通过矩阵变换操作映射到另一个正交坐标系中的主元。进行该映射的目的是减小变量间的线性相关性。在变量数目较多、样本容量较大时，复杂性呈指数增长，无法直接用统计方法进行分析，往往需要先对数据之间存在的信息重叠性进行预处理。主成分分析法在保持原有样本所携带信息的同时，采用较少的新变量来替代原有变量，使得新变量之间线性不相关，起到特征重建的作用。

主成分分析的实现过程如下。

(1) 样本输入为

$$X = \left(X_{ij} \right)_{n \times p} \tag{1-5}$$

(2) 计算样本均值和样本标准差，分别为

$$\overline{X}_j = \frac{1}{n}\sum_{i=1}^{n} X_{ij}, \quad j = 1, 2, \cdots, p \tag{1-6}$$

$$S_j = \sqrt{\frac{1}{n-1}\sum_{i=1}^{n}\left(X_{ij} - \overline{X}_j\right)^2}, \quad j = 1, 2, \cdots, p \tag{1-7}$$

(3) 标准化 X_{ij}，计算变量之间的相关度。

令 $Y_{ij} = \dfrac{X_{ij} - \overline{X}_j}{S_j}(i = 1, 2, \cdots, n; \ j = 1, 2, \cdots, p)$，标准化矩阵为 $Y = \left(Y_{ij}\right)_{n \times p}$，则有

$$r_{ij} = \frac{1}{n-1}\sum_{i=1}^{n} Y_{ij} Y_{ij} \tag{1-8}$$

$$R = \left(r_{ij}\right)_{p \times p} \tag{1-9}$$

式中，R 为相关系数。

(4) 求式(1-9)中 R 的特征值及特征向量。

若能通过正交变换 Q 使 $Q^{\mathrm{T}}RQ = \begin{bmatrix} \lambda_{11} & 0 & \cdots & 0 \\ 0 & \lambda_{22} & \cdots & 0 \\ \vdots & \vdots & & \vdots \\ 0 & 0 & \cdots & \lambda_p \end{bmatrix}$，则 $\lambda = \left\{\lambda_1, \lambda_2, \cdots, \lambda_p\right\}$ 为 R

的 p 个特征值，其特征向量为 $L = \left[l_1, l_2, \cdots, l_p\right]$。

(5) 按累积方差贡献率 $\sum_{j=1}^{p}\lambda_j \Big/ \sum_{j=1}^{p} r_{jj}$ 建立主成分，根据 $\sum_{j=1}^{p}\lambda_j \Big/ \sum_{j=1}^{p} r_{jj} > 85\%$ 的准

则，确定 k。

(6) 将标准化后的指标变量转换为主成分，即

$$Z_{ij} = \sum_{i=1}^{n} Y_{ij} l_{ij}, \quad i = 1, 2, \cdots, n; \ j = 1, 2, \cdots, p \tag{1-10}$$

2. 因子分析法

通过相关系数的特征值和特征向量，根据贡献率求出相互线性无关的主因子。其模型见式(1-11)，尽管公共因子不可直接观测，但却是客观存在的，所有变量都能由公共因子和特殊因子相加得到，即

$$X_i = a_{i1}F_1 + a_{i2}F_2 + \cdots + a_{im}F_m + \varepsilon_i, \quad i = 1, 2, \cdots, n \tag{1-11}$$

式中，$F_1, F_2, \cdots, F_m$ 称为公共因子；ε_i 称为特殊因子。

该模型可以用通用化矩阵表示，即

$$X = AF + \varepsilon \qquad (1\text{-}12)$$

其中

$$X = \begin{bmatrix} X_1 \\ X_2 \\ \vdots \\ X_p \end{bmatrix}, \quad A = \begin{bmatrix} a_{11} & a_{12} & \cdots & a_{1p} \\ a_{21} & a_{22} & \cdots & a_{2p} \\ \vdots & \vdots & & \vdots \\ a_{p1} & a_{p2} & \cdots & a_{pp} \end{bmatrix}, \quad F = \begin{bmatrix} F_1 \\ F_2 \\ \vdots \\ F_p \end{bmatrix}, \quad \varepsilon = \begin{bmatrix} \varepsilon_1 \\ \varepsilon_2 \\ \vdots \\ \varepsilon_p \end{bmatrix}$$

且满足以下条件:

(1) $p \leqslant n$。

(2) $\mathrm{Cov}(F, \varepsilon) = 0$,即公共因子与特殊因子是不相关的。

(3) $D_F = D(F) = \begin{bmatrix} 1 & \cdots & 0 \\ \vdots & & \vdots \\ 0 & \cdots & 1 \end{bmatrix} = I_m$,即各个公共因子不相关且方差为 1。

(4) $D_\varepsilon = D(\varepsilon) = \begin{bmatrix} \sigma_1^2 & \cdots & 0 \\ \vdots & & \vdots \\ 0 & \cdots & \sigma_p^2 \end{bmatrix}$,即各个特殊因子不相关,且方差不要求相等。

模型中矩阵 A 称为因子载荷矩阵,a_{ij} 称为因子载荷,是第 i 个变量在第 j 个因子上的负荷。若把变量 X_i 看成 m 维空间中的一个点,则 a_{ij} 表示它在坐标轴 F_j 上的投影。

为验证上述信息聚合方法的准确性,本小节以上海市 2003~2016 年电力负荷为例,考虑了各类经济指标,包括 GDP、年末户籍人口总数、居民消费价格指数、城镇人均可支配收入、城镇人均支出、财政收入、财政支出、全社会固定投资额、居民消费水平、地方财政资源勘探电力信息等事务支出这 10 个经济指标数据。通过相关性分析及聚类分析后,发现居民消费价格指数与年度总用电量的相关性很低。因此,在进行多因素分析时,应该将居民消费价格指数指标剔除。对剔除后的 9 个经济指标进行多因素分析,结果在表 1-4 和表 1-5 中给出。

表 1-4　总体方差分析

序号	初始特征值			平方负载提取总和		
	总值	方差百分比/%	累积百分比/%	总值	方差百分比/%	累积百分比/%
1	8.806	97.841	97.841	8.806	97.841	97.841
2	0.141	1.571	99.411	—	—	—
3	0.037	0.407	99.819	—	—	—

序号	初始特征值			平方负载提取总和		
	总值	方差百分比/%	累积百分比/%	总值	方差百分比/%	累积百分比/%
4	0.008	0.091	99.909	—	—	—
5	0.004	0.044	99.953	—	—	—
6	0.002	0.024	99.977	—	—	—
7	0.001	0.014	99.991	—	—	—
8	0.001	0.006	99.997	—	—	—
9	0.000	0.003	100.000	—	—	—

注：1~9 分别为 GDP、年末户籍人口总数、城镇人均可支配收入、城镇人均支出、财政收入、财政支出、全社会固定投资额、居民消费水平、地方财政资源勘探电力信息等事务支出。

表 1-5　主成分各个因素占比

分析变量	占比
GDP	0.998
年末户籍人口总数	0.980
城镇人均可支配收入	0.998
城镇人均支出	0.995
财政收入	0.998
财政支出	0.998
全社会固定投资额	0.971
居民消费水平	0.995
地方财政资源勘探电力信息等事务支出	0.968

从总体方差分析表可以看出，特征值大于 1 的主成分有 1 个。采用主成分分析法选取的主成分为

$$F_0 = 0.998X_1 + 0.980X_2 + 0.998X_3 + 0.995X_4 + 0.998X_5$$
$$+ 0.998X_6 + 0.971X_7 + 0.995X_8 + 0.968X_9$$

(1-13)

式中，X_1~X_9 分别与主成分矩阵表格内的指标从上到下一一对应。主成分 F_0 能够涵盖这 9 个指标 97.841%的信息量。因此，该主成分指标能够有效代表各个指标所产生的影响。

1.4　考虑累积效应的信息聚合方法

1.4.1　累积效应的识别方法

不同的时间序列会表现出不同的波动性和周期性。在实际应用中，这些波动

性和周期性更为明显，并各具特点。因此，深入分析和挖掘不同时间序列具有的特性，对掌握时间序列变化规律及各种影响机理，识别并解耦时间序列中的累积效应，进而实现更准确的时间序列预测具有非常重要的意义；影响因素对目标参数变化的影响极其重要。由于各种影响因素对目标参数的影响机制比较复杂，在时间序列预测中合理考虑各种影响因素的影响非常重要[8]。大量学者针对累积效应的影响与模型进行了细致、深入的研究。针对累积效应的识别方法，现主要有参数分析法和多元拟合法等。

1. 参数分析法

参数分析法主要考虑目标参数与其影响因素的变化关系受累积效应的影响，综合连续几个时间序列的目标参数及其各影响因素的变化规律。由于累积效应在时间上的特殊性，其分析对象往往是时间序列。假设时间序列 Y 为被影响参数时间序列(1-14)，其在多元回归分析中为因变量或被解释变量，即为在夏季温度累积效应中的电力负荷：

$$Y = \{y_k, y_{k+1}, y_{k+2}, \cdots, y_n\} \tag{1-14}$$

假设时间序列 X 是与时间序列 Y 同期的目标参数时间序列，在多元回归分析中为自变量或解释变量。同期，即选取的时间序列 X、Y 需在时间尺度上同步。

$$X = \{x_k, x_{k+1}, x_{k+2}, \cdots, x_n\} \tag{1-15}$$

如果 X、Y 之间存在累积效应，那么 Y 不仅会受到与其同期的时间序列 X 的影响，还会受到在时间尺度上相对提前的时间序列 X_i 历史数据的影响。因此本章约定：时间序列 X_0(式(1-16))与时间序列 Y 同期，时间序列 X_1(式(1-17))在时间尺度上相对时间序列 Y 提前了 1 个单位，时间序列 X_i(式(1-18))在时间尺度上相对时间序列 Y 提前了 i 个单位($i<k$)，即

$$X_0 = \{x_k, x_{k+1}, x_{k+2}, \cdots, x_n\} \tag{1-16}$$

$$X_1 = \{x_{k-1}, x_k, x_{k+1}, \cdots, x_{n-1}\} \tag{1-17}$$

$$X_i = \{x_{k-i}, x_{k-i+1}, x_{k-i+2}, \cdots, x_{n-i}\}, \quad i < k \tag{1-18}$$

由于因变量 Y 受自变量 $X_0, X_1, \cdots, X_n$ 的影响，为了分析其具体的影响规律，本章决定采用多元线性回归法。多元线性回归模型的一般形式为

$$Y = a_0 X_0 + a_1 X_1 + \cdots + a_n X_n + b \tag{1-19}$$

式中，n 为参与拟合的自变量个数；$a_i (i = 0, 1, \cdots, n)$ 为回归系数。

多元线性回归法最常采用的是普通最小二乘法，其中，最小二乘法估计的目

标函数为

$$\min(Q) = \min\left(e_i^2\right) = \min\left[\sum\left(Y - \hat{Y}\right)^2\right]$$
$$= \min\left\{\sum\left[Y - \left(\hat{a}_0 X_0 + \hat{a}_1 X_1 + \cdots + \hat{a}_n X_n + \hat{b}\right)\right]^2\right\} \tag{1-20}$$

式中，Y 为实际值；$\hat{Y}$ 为估计值；$\hat{a}_i (i = 0,1,\cdots,n)$ 为回归系数的估计值。

2. 多元拟合法

在对两组时间序列进行累积效应识别时发现，累积效应的影响范围未知。在夏季电力负荷预测过程中，观测日的电力负荷受前几天温度的影响未知，研究人员采用的方法往往是不停迭代计算尝试。同样，对于任意两组同期时间序列，要识别两者之间是否存在累积效应，也需要采用迭代的方法。

在估计了多元线性回归预测模型的参数后，还需要进一步评价模型拟合结果的优劣，评判回归系数的可靠程度。本章采用 R^2 作为评价指标。

$$\text{TSS} = \sum\left(Y - \bar{Y}\right)^2 \tag{1-21}$$

$$\text{ESS} = \sum\left(\hat{Y} - \bar{Y}\right)^2 \tag{1-22}$$

$$\text{RSS} = \sum\left(Y - \hat{Y}\right)^2 \tag{1-23}$$

式中，TSS 为总离差平方和；ESS 为研究对象的回归平方和；RSS 为残差平方和。

根据其自身的定义，TSS=ESS+RSS，即总离差平方和等于回归平方和加上残差平方和。回归平方和越大，相应的残差平方和越小，回归模型与样本观测值之间的拟合程度越高。因此，拟合优度的计算公式为

$$R^2 = \frac{\text{ESS}}{\text{TSS}} = 1 - \frac{\text{RSS}}{\text{TSS}} \tag{1-24}$$

R^2 方程的确定系数的取值范围为 0~1，其值越接近 1，表明方程的变量对 y 的解释能力越强。R^2 可以作为选择不同模型的标准。如果在拟合数据之前，不能确定数据到底是什么模型，那么可以对变量的不同数学形式进行拟合。然后观察 R^2 的大小，R^2 越大，说明模型对数据拟合得越好。

在进行多元拟合时，当自变量个数增加时，尽管有的自变量与目标参数 Y 的线性关系不显著，但是 R^2 也会随之增大。因此，有时多元拟合的结果很好，却没有什么实际意义。为了克服由于变量增加对多元拟合程度产生的影响，采用修正多元相关系数 R_{adj}^2，即

$$R_{\text{adj}}^2 = 1 - \frac{\text{RSS}}{\text{TSS}} \frac{n-1}{n-p+1} \tag{1-25}$$

将式(1-24)进行变换，并代入式(1-25)中，得到 R_{adj}^2 与 R^2 之间的关系，即

$$R_{\text{adj}}^2 = 1 - \left(1 - R^2\right) \frac{n-1}{n-p+1} \tag{1-26}$$

式中，n 为样本容量；p 为自变量的个数。

　　将参与拟合的参数数量引入指标中，可以抵消部分拟合参数的增加对拟合优度结果的影响，避免因为增加了自变量而高估了 R^2。

　　1.3.3 节分析了拟合模型的选取、拟合参数与拟合优度的计算。但是更为重要的一点是，需要考虑拟合模型的自变量个数还未得到解决。本节设计了如下迭代计算流程来确定需要考虑拟合模型的自变量个数，从而确定累积效应的影响范围，迭代循环计算流程如图 1-6 所示。

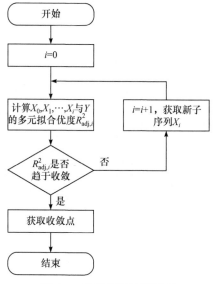

图 1-6　迭代循环计算流程

具体的计算步骤如下。

步骤 1：初始化参数，并设置迭代次数 $i=0$。

步骤 2：计算影响因子 $X_0, X_1, \cdots, X_i$ 与目标参数 Y 之间的多元拟合优度 $R_{\text{adj},i}^2$。

步骤 3：当 $i>0$ 时，计算多元拟合优度残差 $\theta = R_{\text{adj},i}^2 - R_{\text{adj},i-1}^2$。

步骤 4：若多元拟合优度残差 θ 趋于收敛或者小于 0，则跳出迭代循环；若多元拟合优度残差 $\theta>0$ 且未趋于收敛，则令迭代次数 $i=i+1$，然后返回到步骤 2。

步骤 5：根据实际情况设定累积效应判断阈值 τ，在本章中，设定累积效应判断阈值 $\tau = 0.85$。若 $i > 0$ 且 $R_{\text{adj},i}^2 > \tau$，则说明影响因子 X 对 Y 存在累积效应，而且累积效应的影响范围为 i；若 $i = 0$ 或 $R_{\text{adj},i}^2 < \tau$，则说明影响因子 X 对 Y 不存在累积效应。

1.4.2　考虑累积效应的信息聚合模型

累积效应的本质是事物存在动态规律变化的特性，其转变原有的静态相似数据分析思维为动态相似数据分析思维。这些规律表明：考虑累积效应的数据挖掘方法可为电力系统负荷预测带来一定的改进。考虑累积效应的信息聚合方法的原理如图 1-7 所示。

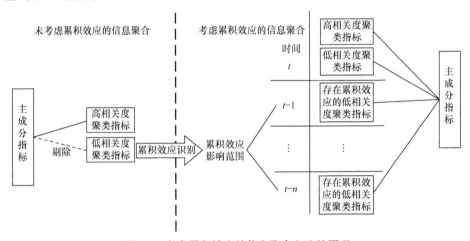

图 1-7　考虑累积效应的信息聚合方法的原理

未考虑累积效应的信息聚合方法通过剔除与电力负荷的低相关度聚类指标，选取高相关度聚类指标来聚合主成分指标；而考虑累积效应的信息聚合方法，在选取了同期的高相关度聚类指标及存在累积效应的低相关度聚类指标的同时，还考虑了在累积效应影响范围内选取时间尺度上提前并存在累积效应的低相关度聚类指标。

在 1.3.1 节中，由聚类结果可以发现：前三类指标中，GDP、年末户籍人口总数、城镇人均支出、城镇人均可支配收入、财政收入、财政支出和年度总用电量的相关系数与一元线性回归拟合优度均超过了 0.9。对于这三类指标，它们对年度总用电量的影响已经很大了。从另一个角度来说，即使对这三类指标而言存在累积效应，累积效应的影响程度也已经可以忽略不计；而对于地方财政资源勘探电力信息等事务支出和居民消费价格指数这两个指标，其与总电量的相关性比较弱，需要对其进行累积效应识别，以进一步判断。

地方财政资源勘探电力信息等事务支出的多元拟合结果如表 1-6 所示，拟合变量 $n=1$ 代表的是地方财政资源勘探电力信息等事务支出指标与年度总用电量进行同期的一元线性拟合；拟合变量 $n=2$ 代表的是指标的同期数据及其前一年的数据与年度总用电量进行多元拟合；拟合变量 $n=3$ 代表的是指标的同期数据及其前 $1\sim2$ 年的数据与年度总用电量进行多元拟合。拟合变量 1、2 拟合结果的显著性均合格，而拟合变量 3 拟合结果的显著性较低，其置信水平在 95% 区间内。

表 1-6　地方财政资源勘探电力信息等事务支出的多元拟合结果

拟合变量 n	拟合优度	拟合优度残差
1	0.744	—
2	0.893	0.149
3	0.881	−0.012

从结果中可以看出，对于地方财政资源勘探电力信息等事务支出指标，在考虑了其前一年数据的影响后，其与年度总用电量的拟合优度由原来的 0.744 提升到 0.893，拟合优度残差为 0.149；而考虑了其前两年数据的影响后，其拟合优度由 0.893 变为 0.881，拟合优度残差为−0.012。因此，对于地方财政资源勘探电力信息等事务支出指标，在考虑了前一年数据的影响后，该指标与年度总用电量的拟合优度得到了大幅改善；并且在考虑了其前两年数据的影响后，拟合优度相对于前者反而降低。这说明，前一年的地方财政资源勘探电力信息等事务支出指标数据对年度总用电量也存在影响；而前两年的地方财政资源勘探电力信息等事务支出指标数据对年度总用电量不存在影响。

地方财政资源勘探电力信息等事务支出指标主要用于支持重点产业园区的发展，落实上海化工区专项发展资金、临港产业区专项发展资金，落实科技型中小企业技术创新基金、中小企业发展专项资金等，支持企业重点技术改造和自主品牌建设，促进政策性中小企业融资担保业务发展，扩大融资担保规模，支持中小微企业发展。该指标属于鼓励地方企业发展，影响跨度长。结合该指标的意义，进一步说明地方财政资源勘探电力信息等事务支出指标对年度总用电量存在累积效应，且其累积效应的影响范围为 1 年。

居民消费价格指数的多元拟合结果如表 1-7 和图 1-8 所示。居民消费价格指数是一个反映居民家庭一般所购买的消费商品和服务项目价格水平变动情况的宏观经济指标。它是在特定时段内度量一组代表性消费商品及服务项目的价格水平随时间而变动的相对数，用来反映居民家庭购买消费商品及服务项目的价格水平的变动情况。从结果中可以看出，在考虑了前几年数据的影响后，居民消费价格指数数据与年度总用电量的拟合优度虽然从 0.235 提高到了 0.606，但是其拟合程度依然不够理想，说明之前的数据对年度总用电量的影响也很弱。结合拟合结果及其定义，可以判断其对年度总用电量不存在累积效应。

表 1-7　居民消费价格指数的多元拟合结果

拟合变量	拟合优度	拟合优度残差
1	0.235	—
2	0.325	0.09
3	0.547	0.222
4	0.606	0.059
5	0.599	−0.007

注：居民消费价格指数代表居民购买消费商品随时间变动的相对数。

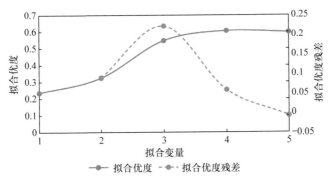

图 1-8　居民消费价格指数多元拟合结果变化曲线图

　　在考虑累积效应的影响后，本小节在原始数据指标的基础上，剔除了居民消费价格指数指标，额外考虑了在时间尺度上提前一年的地方财政资源勘探电力信息等事务支出数据。表 1-8 列出了多因素分析所选取的指标。

表 1-8　多因素分析所选取的指标

序号	名称
1	GDP
2	年末户籍人口总数
3	城镇人均可支配收入
4	城镇人均支出
5	财政收入
6	财政支出
7	全社会固定投资额
8	地方财政资源勘探电力信息等事务支出
9	地方财政资源勘探电力信息等事务支出(前一年)
10	居民消费水平

为了充分掌握这些经济指标对用电量的影响，本节按照 1.3.2 节的方法对用电量及这些经济指标进行主成分分析，并在各指标数据取自然对数后进行因子分析，分析结果如表 1-9 和表 1-10 所示。

表 1-9　总体方差分析

序号	初始特征值			平方负载提取总和		
	总值	方差百分比/%	累积百分比/%	总值	方差百分比/%	累积百分比/%
1	9.523	9.538	95.375	95.375	9.538	95.375
2	0.326	0.338	3.378	98.753	—	—
3	0.012	0.082	0.823	99.576	—	—
4	0.021	0.028	0.283	99.859	—	—
5	0.004	0.010	0.098	99.957	—	—
6	0.001	0.003	0.031	99.989	—	—
7	0	0.001	0.011	100.000	—	—
8	0	-1.248×10^{-17}	-1.248×10^{-16}	100.000	—	—
9	0	-1.098×10^{-16}	-1.098×10^{-15}	100.000	—	—
10	0	-6.265×10^{-16}	-6.265×10^{-15}	100.000	—	—

表 1-10　主成分各个因素占比

分析变量	占比
GDP	0.996
年末户籍人口总数	0.885
城镇人均可支配收入	0.996
城镇人均支出	0.988
财政收入	0.996
财政支出	0.991
全社会固定投资额	0.936
地方财政资源勘探电力信息等事务支出	0.993
地方财政资源勘探电力信息等事务支出(前一年)	0.987
居民消费水平	0.992

从总体方差分析表格(表 1-9)可以看出，特征值大于 1 的主成分有 1 个。其对总方差的累积百分比为 95.375%，主成分表达式为

$$F_1 = 0.996X_1 + 0.885X_2 + 0.996X_3 + 0.988X_4 + 0.996X_5 + 0.991X_6$$
$$+ 0.936X_7 + 0.993X_8 + 0.987X_9 + 0.992X_{10} \tag{1-27}$$

式中，$X_1 \sim X_{10}$ 分别与主成分矩阵表格内的指标从上到下一一对应。其中，主成分 F_1 能够代表其中 95.375% 的范围。因此，该主成分指标能够有效代表各个指标所产生的影响。

1.4.3　考虑累积效应的信息聚合方法的有效性验证

为验证 1.4.2 节所提出的考虑累积效应的信息聚合方法的准确性和有效性，本节将考虑累积效应的信息聚合数据作为输入，基于模糊神经网络进行中长期负荷预测。以考虑累积效应的信息聚合方法得到的年度主成分值为例，其数据在表 1-11 中列出。选取 2004～2013 年的主成分数据作为模糊神经网络的输入训练数据。其中，主成分的值随着年份的增长而增加。在隶属函数初始化时便会默认模型的输入区间为 [76.68164, 83.27476]。经过训练后，当输入 2014～2016 年的电力负荷数据来进行预测时，由于这三个输入数据都不属于模型训练的输入区间，数值分析仿真软件则会显示输入预测数据超出模型限制范围，而此时的模型会给出不可靠的输出。

表 1-11　模糊神经网络的原始数据

数据	年份	输入(主成分)	输出(年度总用电量)/亿(kW·h)
	2004	76.68164	821.44
	2005	77.77198	921.97
	2006	78.62231	990.15
	2007	79.89357	1072.38
训练数据	2008	80.79889	1138.22
	2009	81.48196	1153.38
	2010	82.36143	1295.87
	2011	83.27476	1339.62
	2012	83.8724	1353.4
	2013	84.75337	1410.6
	2014	85.47847	1369.03
测试数据	2015	86.44534	1405.55
	2016	87.43178	1486.02

基于模糊神经网络对数据输入的限制要求，原主成分的值应拆分消去其数据的增长趋势。F 为今年的年度主成分值，F^* 为去年的年度主成分值，k_1 是今年的主成分年度增量，k_2 是今年相对去年的主成分年度增长率。各个变量之间的关

系为

$$\begin{cases} F - F^* = k_1 \\ \dfrac{k_1}{F^*} = k_2 \end{cases} \tag{1-28}$$

通过联立求解，可以解得 F 与 k_1、k_2 的关系式为

$$F = k_1\left(1 + \frac{1}{k_2}\right) \tag{1-29}$$

本节所选取的输入参数来源于 1.3.2 节中采用主成分分析法并考虑累积效应影响后选取的主成分增长量及主成分增长率，输出为年度总用电量，其具体输入输出数据均在表 1-12 中给出，输入数据经过对数化处理。本节选取 2004～2013 年的数据作为训练数据；选取 2014～2016 年的数据作为测试数据，来测试模型预测的准确性。

表 1-12　选取的模糊神经网络输入输出数据

数据	年份	输入(主成分增长量)	输入(主成分增长率)	输出(年度总用电量)/亿(kW·h)
训练数据	2004	1.281724	0.016999	821.44
	2005	1.090341	0.014219	921.97
	2006	0.850326	0.010934	990.15
	2007	1.271269	0.016169	1072.38
	2008	0.905317	0.011332	1138.22
	2009	0.683068	0.008454	1153.38
	2010	0.87947	0.010793	1295.87
	2011	0.913334	0.011089	1339.62
	2012	0.597641	0.007177	1353.4
	2013	0.880968	0.010504	1410.6
测试数据	2014	0.7251	0.008555	1369.03
	2015	0.966866	0.011311	1405.55
	2016	0.986443	0.011411	1486.02

预测采用的模糊神经网络模型属于一阶 Takagi-Sugeno 结构。由于前面选取的模糊神经网络模型的输入变量有两个，即主成分增长量和主成分增长率，所以此处设置输入神经元个数为 2，这两个神经元分别代表由多因素分析得到的主成分的年度增长量与年度增长率；输出层选取的神经元个数为 1，代表年度总用电量；隶属函数为 trimf 型三角形隶属函数。

模型采用的是 hybrid 训练优化算法，该算法是反向传播算法与最小二乘法

的结合，设置训练迭代步长 Epochs 为 30。模糊神经网络的训练过程如图 1-9 所示。由于数据较少，模型很快趋于收敛。训练后得到的神经网络辨识误差为16.9128。

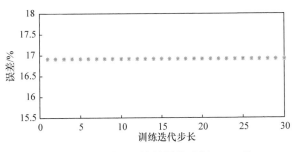

图 1-9 模糊神经网络的训练过程(trimf 型)

仿真计算中每个变量有 3 条模糊规则，为了表述清晰，本书 in1mf1、in1mf2以及 in1mf3 分别表示主成分第一个输入变量(即主成分年度增量)的三个隶属函数；in2mf1、in2mf2 以及 in2mf3 分别表示主成分第二个输入变量(即主成分年增长率)的三个隶属函数；out1mf1，out1mf2，…，out1mf9 分别表示第 1 条，第 2条，…，第 9 条模糊规则输出变量隶属函数。

模糊神经网络经过训练，得到的 9 条模糊规则如下：

If (input1 is in1mf1) and (input2 is in2mf1) then (output is out1mf1) (1)

If (input1 is in1mf1) and (input2 is in2mf2) then (output is out1mf2) (2)

If (input1 is in1mf1) and (input2 is in2mf3) then (output is out1mf3) (3)

If (input1 is in1mf2) and (input2 is in2mf1) then (output is out1mf4) (4)

If (input1 is in1mf2) and (input2 is in2mf2) then (output is out1mf5) (5)

If (input1 is in1mf2) and (input2 is in2mf3) then (output is out1mf6) (6)

If (input1 is in1mf3) and (input2 is in2mf1) then (output is out1mf7) (7)

If (input1 is in1mf3) and (input2 is in2mf2) then (output is out1mf8) (8)

If (input1 is in1mf3) and (input2 is in2mf3) then (output is out1mf9) (9)

在模型进行初始化及训练后，输入变量的隶属函数参数如表 1-13 所示，经训练后主成分增长量和主成分增长率的隶属函数分别如图 1-10 和图 1-11所示。

表 1-13 输入变量的隶属函数参数(trimf 型)

参数	mf1	mf2	mf3
主成分增长量	[0.2556, 0.5976, 0.9397]	[0.5976, 0.9397, 1.282]	[0.9397, 1.282, 1.624]
主成分增长率	[0.00227, 0.00718, 0.0121]	[0.007177, 0.01209, 0.017]	[0.0121, 0.017, 0.0219]

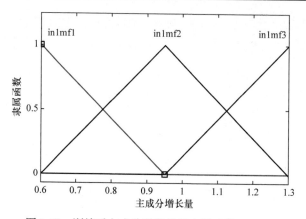

图 1-10　训练后主成分增长量的隶属函数(trimf 型)

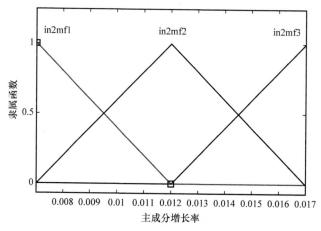

图 1-11　训练后主成分增长率的隶属函数(trimf 型)

　　模型训练数据拟合图如图 1-12 所示。从图 1-12 中可以看出，系统训练后的模型拟合程度较为满意，模型数据拟合结果如表 1-14 所示。

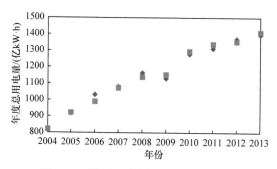

图 1-12　模型训练数据拟合图(trimf 型)

表 1-14 模型数据拟合结果(trimf 型)

年份	系统拟合数据/(亿 kW·h)	实际年度总用电量/(亿 kW·h)	误差
2004	821.45	821.44	1.22×10^{-5}
2005	921.97	921.97	0
2006	978.37	990.15	−0.01189
2007	1072.35	1072.38	-2.80×10^{-5}
2008	1164.58	1138.22	0.0231
2009	1173.26	1153.38	0.01723
2010	1257.71	1295.87	− 0.02945
2011	1345.87	1339.62	0.00467
2012	1343.96	1353.4	− 0.00698
2013	1417.45	1410.6	0.00486

从表 1-14 中可以发现,拟合平均误差为 0.983%,最大误差 2.945%出现在 2010 年,大部分误差在 1%内浮动,达到了比较满意的拟合效果。

在模糊神经网络中,隶属函数对预测结果的影响较大。为了选取适合的隶属函数进行预测,本章选取 gbellmf 型隶属函数进行训练,模型采用的是 hybrid 训练优化算法,设置训练迭代步长 Epochs 为 30。模糊神经网络的训练过程如图 1-13 所示。

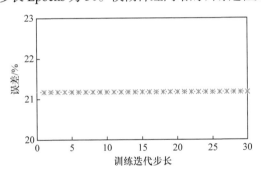

图 1-13 模糊神经网络的训练过程(gbellmf 型)

同样,模型很快趋于收敛,训练后得到的神经网络辨识误差为 21.1768%。仿真计算的模糊规则与之前的模糊规则相同。在模型进行初始化及训练后,输入变量的隶属函数参数在表 1-15 列出,训练后主成分增长量和主成分增长率的隶属函数分别如图 1-14 和图 1-15 所示。

表 1-15 输入变量的隶属函数参数(gbellmf 型)

参数	mf1	mf2	mf3
主成分增长量	[0.1709, 2, 0.5976]	[0.1709, 2, 0.9397]	[0.171, 2, 1.28]
主成分增长率	[0.007271, 2, 0.009583]	[0.009593, 2, 0.007923]	[0.004104, 2, 0.01696]

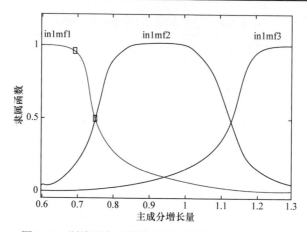

图 1-14　训练后主成分增长量的隶属函数(gbellmf 型)

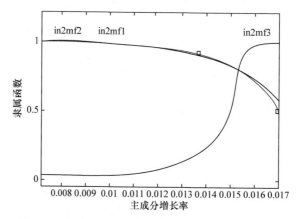

图 1-15　训练后主成分增长率的隶属函数(gbellmf 型)

模型训练数据拟合图如图 1-16 所示。

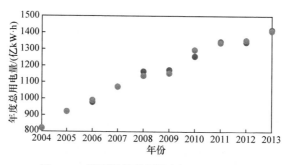

图 1-16　模型训练数据拟合图(gbellmf 型)

从图 1-16 中可以看出，系统训练后的模型拟合效果较为满意，具体误差如表 1-16 所示。从表 1-16 中可以发现，拟合平均误差为 1.609%，最大误差 3.9823% 出现在 2006 年，大部分误差在 2% 内浮动。

表 1-16　模型数据拟合结果(gbellmf 型)

年份	系统拟合数据	实际年度总用电量/(亿 kW·h)	误差
2004	814.6609	821.44	−0.00825
2005	917.2569	921.97	−0.00511
2006	1031.216	990.15	0.04147
2007	1081.311	1072.38	0.008328
2008	1163.945	1138.22	0.022601
2009	1130.589	1153.38	0.0197601
2010	1278.069	1295.87	−0.013737
2011	1312.693	1339.62	−0.020100
2012	1370.726	1353.4	−0.012801
2013	1396.601	1410.6	−0.009924

trimf 型隶属函数与 gbellmf 型隶属函数的模糊神经网络训练结果对比在表 1-17 中给出。

表 1-17　trimf 型隶属函数与 gbellmf 型隶属函数的模糊神经网络训练结果对比

指标	trimf 型隶属函数	gbellmf 型隶属函数
辨识误差	16.9128	21.1768
拟合平均误差/%	0.983	1.609
拟合最大误差/%	2.31	3.9823

采用 trimf 型隶属函数的模糊神经网络的辨识误差为 16.9128，拟合平均误差为 0.983%，拟合最大误差为 2.31%；采用 gbellmf 型隶属函数的模糊神经网络的辨识误差为 21.1768。与 trimf 型隶属函数的训练拟合结果对比发现，trimf 型隶属函数的训练拟合结果明显优于 gbellmf 型。利用训练后的模型对 2014～2016 年上海市年度总用电量进行预测，得到的预测结果分别在图 1-17～图 1-19 中给出。

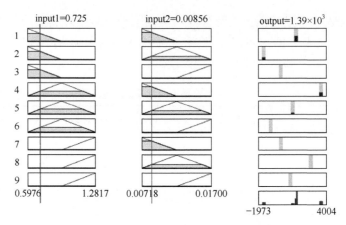

图 1-17　　2014 年年度总用电量预测结果

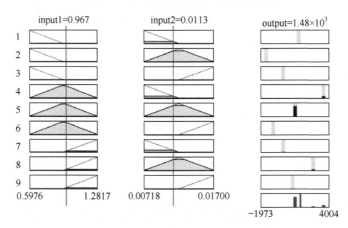

图 1-18　　2015 年年度总用电量预测结果

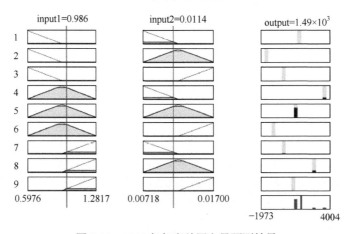

图 1-19　　2016 年年度总用电量预测结果

最后汇总的模糊神经网络模型的预测结果如表 1-18 所示。从表 1-18 中可以发现，预测平均误差为 2.6%。其中，2015 年的预测误差最大，达到了 5.5116%。

表 1-18　模糊神经网络模型的预测结果

年份	预测值	实际值	误差
2014	1394.307	1369.03	0.018463
2015	1483.018	1405.55	0.055116
2016	1491.135	1486.02	0.003442

为了验证考虑了累积效应的信息聚合方法的准确性，本节设置了两组对照实验。其中，对照组 1 未进行数据的聚合分类、筛选，且未考虑累积效应的影响，直接采用主成分分析法选取主成分；对照组 2 采取了数据聚合分类方法，并对数据进行了筛选，采用主成分分析法选取主成分，但是也未考虑累积效应的影响。对照实验之间的差异在表 1-19 中列出。

表 1-19　对照实验之间的差异

组别	信息聚合	累积效应	主成分分析
实验组	√	√	√
对照组 1	无	无	√
对照组 2	√	无	√

对照组 1 通过主成分分析法得到的主成分 F_2 的表达式为

$$F_2 = 0.998X_1 + 0.981X_2 + 0.996X_3 + 0.993X_4 + 0.998X_5 \\ + 0.997X_6 + 0.972X_7 + 0.516X_8 + 0.992X_9 + 0.962X_{10} \tag{1-30}$$

主成分 F_2 能够代表其中 90.494% 的范围，其他成分所占比例很小。因此，该主成分指标能够有效代表各个指标所产生的影响。其中，$X_1 \sim X_{10}$ 分别代表上海市 GDP、年末户籍人口总数、城镇人均可支配收入、城镇人均支出、财政收入、财政支出、全社会固定投资额、居民消费价格指数、居民消费水平、地方财政资源勘探电力信息等事务支出 10 项指标。

在 1.3.2 节中，得到了对照组 2 的主成分 F_0。对照组 1、对照组 2 以及实验组的具体差别在表 1-20 中列出。对照组 1、对照组 2 的输入数据分别在表 1-21 和表 1-22 列出。

表 1-20　实验组与对照组的具体差别

组别	前一年的地方财政资源勘探电力信息等事务支出	居民消费价格指数	考虑的指标数
实验组	考虑	筛除	10
对照组 1	未考虑	未筛除	10
对照组 2	未考虑	筛除	9

表 1-21　对照组 1 的输入数据

数据	年份	输入(主成分增长量)	输入(主成分增长率)	输出(年度总用电量)/(亿 kW·h)
训练数据	2004	1.274955	0.017421	821.44
	2005	1.060899	0.014248	921.97
	2006	0.793744	0.010511	990.15
	2007	1.247826	0.016352	1072.38
	2008	0.894084	0.011528	1138.22
	2009	0.629279	0.008021	1153.38
	2010	0.840013	0.010622	1295.87
	2011	0.827327	0.010351	1339.62
	2012	0.525924	0.006513	1353.4
	2013	0.825836	0.010161	1410.6
测试数据	2014	0.671282	0.008176	1369.03
	2015	0.873562	0.010554	1405.55
	2016	0.848131	0.010139	1486.02

表 1-22　对照组 2 的输入数据

数据	年份	输入(主成分增长量)	输入(主成分增长率)	输出(年度总用电量)/(亿 kW·h)
训练数据	2004	1.267655	0.017851	821.44
	2005	1.068776	0.014786	921.97
	2006	0.795861	0.01085	990.15
	2007	1.241484	0.016744	1072.38
	2008	0.883798	0.011724	1138.22
	2009	0.662362	0.008684	1153.38
	2010	0.824468	0.010717	1295.87
	2011	0.819529	0.01054	1339.62
	2012	0.539719	0.006869	1353.4
	2013	0.830659	0.010499	1410.6
测试数据	2014	0.669941	0.00838	1369.03
	2015	0.874888	0.010852	1405.55
	2016	0.850912	0.010442	1486.02

　　实验组与对照组 1、对照组 2 的主成分增长率对比在图 1-20 中给出，实验组与对照组 1、对照组 2 的预测结果误差曲线和 2004～2016 年上海市年度总用电量趋势图分别如表 1-23、图 1-21 和图 1-22 所示。

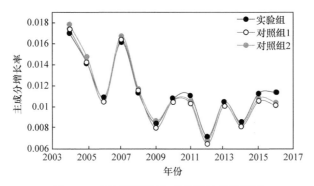

图 1-20 不同组别间主成分增长率曲线图

表 1-23 对照实验预测结果

年份	实验组	误差	对照组 1	误差	对照组 2	误差	主成分回归	误差
2014	1394.307	0.0184	1488.48	0.0872	1415.015	0.0335	1441.841	0.0531
2015	1483.018	0.0551	1419.60	0.0099	1567.568	0.11527	1512.423	0.076
2016	1491.135	0.0034	1488.48	0.0414	1609.8	0.0832	1584.433	0.066

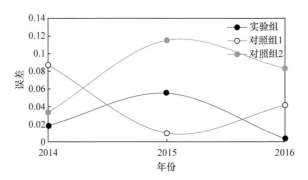

图 1-21 预测结果误差曲线图

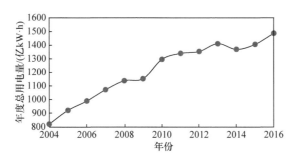

图 1-22 2004~2016 年上海市年度总用电量趋势图

综合分析图 1-21 和图 1-22 可以发现, 2004~2016 年, 上海市的年度总用电量呈上升趋势, 但是在 2014~2015 年出现了年度总用电量相对 2013 年还要低的情况。通过查阅和分析资料发现，2014～2015 年全球经济复苏乏力、国内经济增长动力不足和自身转型发展中各项措施落地见效有个过程等诸多因素的叠加影响，使得上海经济增速呈现下行趋势，间接导致上海市年度总用电量的下滑。由此，分析 2014～2015 年的上海市各类经济指标来预测年度总用电量最具有挑战性。从表 1-23 中的结果可以发现，实验组的平均预测误差为 2.56%，其中最大预测误差为 5.51%，出现在 2015 年；对照组 1 的平均预测误差为 4.62%，最大预测误差为 8.72%，出现在 2014 年；对照组 2 的平均预测误差为 7.73%，最大预测误差为 11.527%，出现在 2015 年；基于主成分回归的平均预测误差为 6.50%，最大预测误差为 7.6%，出现在 2015 年。从表 1-23 中可以发现，实验组的预测结果相对其他两组的预测结果及主成分回归法的预测结果更加准确。

1.5　考虑累积效应的动态相似子序列预测方法

1.5.1　动态相似子序列基本概念

动态相似子序列是用来选取待测参数子序列的相似子序列。选取时刻 t_1 到时刻 t_{n-1} 的历史数据记录，用于预测时刻 t_n 的待测参数。通过长度为 $W-1$ 的时间窗可以依次产生 r 个待测参数子序列，其中 $r = n-W+1$。在待测参数之前的 $W-1$ 个连续目标参数和历史数据中特定时刻 t_i 之前的 $W-1$ 个连续目标参数可以分别组成以下两个时间子序列：

$$L_r = \left\{ L_r(1), L_r(2), \cdots, L_r(W-1) \right\} \tag{1-31}$$

$$L_i = \left\{ L_i(1), L_i(2), \cdots, L_i(W-1) \right\} \tag{1-32}$$

式中，L_r 和 $L_i(i=1,2,\cdots,r-1)$ 分别为待测参数子序列和第 i 个目标参数子序列；W 为时间窗口的长度，是一个待定的参数，取决于累积效应持续时间的长短。

对于影响因素，考虑到目标参数受 C 个影响因素的影响。一般而言，待测参数的影响因素可以通过外部系统获得，例如，明日的天气情况可以通过气象站预报获得。对于第 $c(c=1,2,\cdots,C)$ 个影响因素，以同样的方式滑动长度为 W 的时间窗，可以依次产生 r 个影响因素子序列，即

$$K_{c,r} = \left\{ K_{c,r}(1), K_{c,r}(2), \cdots, K_{c,r}(W) \right\} \tag{1-33}$$

$$K_{c,i} = \left\{ K_{c,i}(1), K_{c,i}(2), \cdots, K_{c,i}(W) \right\} \tag{1-34}$$

式中，$K_{c,r}$ 为与待测参数子序列相对应的第 c 个影响因素子序列；$K_{c,i}$ 为与第 i 个目标参数子序列相对应的第 c 个影响因素子序列。

动态相似子序列，意为某段目标参数子序列及其对应的影响因素子序列在相

似历史序列中的内部变化过程与待测参数子序列及其对应的影响因素子序列中的内部变化过程相似。其动态相似是区别于传统预测中的静态相似而言的。图 1-23 为动态相似子序列示意图，目标参数子序列 L_i 认为是待测参数子序列 L_r 的动态相似子序列。在选取动态相似子序列之后，可以进一步进行目标参数的预测。例如，在日平均负荷预测中，选取动态相似子序列的规则是在历史数据中寻找一段长度相等的子序列，该子序列与待测参数子序列拥有相似的日平均负荷和日特征量(如日类型和气象因素等)的内部变化过程及变化趋势。

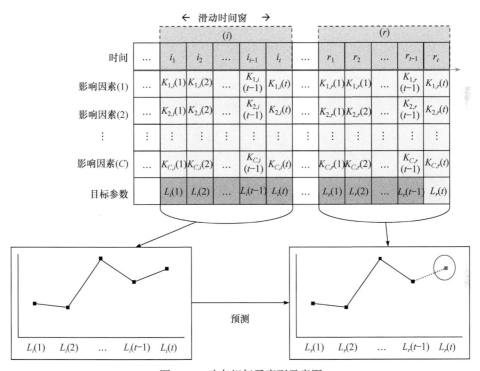

图 1-23 动态相似子序列示意图

1.5.2 动态相似子序列选取方法

不同的影响因素可能具有不同的表现形式和衡量尺度，例如，日类型中有"工作日"和"节假日"或"星期一"和"星期二"等不同的分类。因此，在计算之前对每个影响因素进行量化和归一化就显得至关重要。目标参数子序列和影响因素子序列变化曲线如图 1-24 所示。对于目标参数子序列，目标参数值随时间可能会发生很大的变化，特别是对于一些社会经济快速增长的地区或新兴的行业，其目标参数值可能会随时间发生不可逆的增长或下降。因此，考虑和计算目标参数子序列的内部变化过程可以反映目标参数子序列的变化特性。对于影响因素子序列，不同大小或规模的影响因素对目标参数的影响程度不同，且各影响因素易呈现出周期性变化规律，如温度和日类型。因此，为了更准确地反映影响因素子序列的变化特性，不仅需要考虑影响因素的内部变化过程，还应当考虑影响因素的大小。

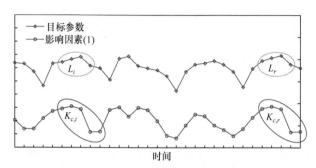

图 1-24　目标参数子序列和影响因素子序列变化曲线

欧氏距离可用来表示两个向量之间的距离或差异。结合上述对目标参数子序列和影响因素子序列的相关讨论，同时为了描述方便，将使用欧氏距离的两种变形。令 $d_{L,i}$ 表示 L_i 和 L_r 对应变化率之间的差异程度，$d_{c,i}$ 表示 $K_{c,i}$ 和 $K_{c,r}$ 之间的变化差异程度。$d_{L,i}$ 和 $d_{c,i}$ 可以分别表示为

$$d_{L,i} = \frac{\sqrt{\sum_{u=1}^{W-2}\left[\dfrac{L_i(u+1)-L_i(u)}{L_i(u)} - \dfrac{L_r(u+1)-L_r(u)}{L_r(u)}\right]^2}}{W-2} \tag{1-35}$$

$$d_{c,i} = \frac{\sqrt{\sum_{v=1}^{W}\left[\dfrac{x_{c,i}(v)-x_{c,r}(v)}{x_{c,r}(v)}\right]^2}}{W} \tag{1-36}$$

式中，$L_i(u)$ 和 $L_r(u)$ 分别为目标参数子序列 L_i 和 L_r 中的第 u 个目标参数；$x_{c,i}(v)$ 和 $x_{c,r}(v)$ 分别为第 c 个影响因素子序列 $K_{c,i}$ 和 $K_{c,r}$ 中的第 v 个影响因素(量化值或归一化值)。

为了将 $d_{L,i}$ 和 $d_{c,i}$ 同时限定在一定范围之内，可以通过归一化方程分别得到目标参数子序列 L_i 和 L_r 之间的动态相似度 $S_{L,i}$，以及第 c 个影响因素子序列 $K_{c,i}$ 和 $K_{c,r}$ 之间的动态相似度 $S_{c,i}$，即

$$S_{L,i} = 1 - \frac{d_{L,i} - \min(d_{L,i})}{\max(d_{L,i}) - \min(d_{L,i})} \tag{1-37}$$

$$S_{c,i} = 1 - \frac{d_{c,i} - \min(d_{c,i})}{\max(d_{c,i}) - \min(d_{c,i})} \tag{1-38}$$

式中，$\max(d_{L,i})$和$\min(d_{L,i})$分别表示$d_{L,i}$的最大值和最小值；$\max(d_{c,i})$和$\min(d_{c,i})$分别表示$d_{c,i}$的最大值和最小值，$i=1,2,\cdots,r-1$。

在计算每个目标参数子序列动态相似度和影响因素子序列动态相似度后，为了使用动态相似子序列法来选取待测参数子序列的相似子序列，本节应用两种方法：加权和法和模糊聚类法[9,10]。

(1) 加权和法。首先，给出目标参数子序列与各影响因素子序列的动态相似度权重，来对综合动态相似度进行定义。综合动态相似度O_i可以表示为

$$\begin{cases} O_i = \beta_0 S_{L,i} + \sum_{c=1}^{C} \beta_c S_{c,i}, & i=1,2,\cdots,r-1 \\ \beta_0 + \sum_{c=1}^{C} \beta_c = 1, & \beta_0, \beta_c > 0 \end{cases} \tag{1-39}$$

式中，β_0为目标参数子序列动态相似度的权重；β_c为第c个影响因素子序列动态相似度的权重。

在历史测试数据中，可以通过最小二乘估计并结合优化目标参数子序列动态相似度、影响因素子序列动态相似度和综合动态相似度，最终得到合适的β_0和β_c。然而，需要优化的目标函数表现为离散变量β_0和β_c的隐函数，直接通过求解来寻找最佳解决方案将非常困难。因此，可以通过模糊聚类法来确定各子序列的权重，进而选取动态相似子序列。

(2) 模糊聚类法。模糊聚类法是一种根据不同对象的亲和度和相似度等关系进行分类的数学方法。$L=\{L_1,L_2,\cdots,L_n\}$表示由n个历史数据样本组成的样本集。在本小节中，可选取目标参数子序列动态相似度和各影响因素子序列动态相似度作为特征指标。每个历史数据样本可以得到D个特征指标，其中$D=C+1$。样本S_i的特征指标可以表示为

$$S_i = \left(S_{L,i}, S_{1,i}, S_{2,i}, \cdots, S_{C,i} \right)^{\mathrm{T}} = \left(a_{1i}, a_{2i}, \cdots, a_{Di} \right)^{\mathrm{T}} \tag{1-40}$$

依据样本S_i的特征指标可以建立样本S_i的特征矩阵I，即

$$I = \begin{bmatrix} a_{11} & a_{12} & \cdots & a_{1j} \\ a_{21} & a_{22} & \cdots & a_{2j} \\ \vdots & \vdots & & \vdots \\ a_{D1} & a_{D2} & \cdots & a_{Dj} \end{bmatrix} \tag{1-41}$$

在样本S_i的特征矩阵I建立后，可以计算出每个数据样本之间的相似性关系。定义r_{ij}为$S_i=(a_{1i},a_{2i},\cdots,a_{Di})$和$S_j=(a_{1j},a_{2j},\cdots,a_{Dj})$之间的相似系数。模糊相似矩阵可以表示为

$$R_f = \begin{bmatrix} r_{11} & r_{12} & \cdots & r_{1j} \\ r_{21} & r_{22} & \cdots & r_{2j} \\ \vdots & \vdots & & \vdots \\ r_{j1} & r_{j2} & \cdots & r_{jj} \end{bmatrix} \tag{1-42}$$

用来确定两个向量之间相似系数的方法有很多，但大体上包括三大类：①距离法；②夹角余弦法；③主观评分法。

(1) 距离法。距离法可分为汉明距离、欧氏距离和切比雪夫距离等。通过距离法计算相似系数 r_{ij} 可以表示为

$$r_{ij} = 1 - \kappa \left\{ d\left(S_i, S_j\right) \right\} \tag{1-43}$$

式中，κ 为选取的距离类型。

其中，汉明距离为 $d_H\left(S_i, S_j\right) = \sum_{k=1}^{n} \left| a_{ik} - a_{jk} \right|$；欧氏距离为 $d_O\left(S_i, S_j\right) = \sqrt{\sum_{k=1}^{n} \left(a_{ik} - a_{jk}\right)^2}$；切比雪夫距离为 $d_C\left(S_i, S_j\right) = \max\left(\left| a_{ik} - a_{jk} \right|\right)$。

(2) 夹角余弦法。相似系数 r_{ij} 可用式(1-44)计算得出：

$$r_{ij} = 1 - \frac{\sum_{k=1}^{D}\left[a_{ik} - E\left(S_i\right)\right] \cdot \left[a_{jk} - E\left(S_j\right)\right]}{\sqrt{\sum_{k=1}^{D}\left[a_{ik} - E\left(S_i\right)\right]^2 \cdot \sum_{k=1}^{D}\left[a_{jk} - E\left(S_j\right)\right]^2}} \tag{1-44}$$

式中，$E(S_i)$ 和 $E(S_j)$ 分别为 S_i 和 S_j 的数学期望。

(3) 主观评分法。请具有经验的 s 位专家分别对相似程度进行[0,1]的评分。假设第 t 位专家认为 S_i 和 S_j 的相似程度为 σ_{ij}^{k}，且该专家对自己评分自信程度的评分为 ξ_{ij}^{k}，则相似系数 r_{ij} 可以表示为

$$r_{ij} = \frac{1}{s} \sum_{t=1}^{s} \sigma_{ij}^{t} \cdot \xi_{ij}^{t} \tag{1-45}$$

表1-24列出了各相似系数方法的优缺点。由于各样本是量化值，本小节首先采用 D 维的夹角余弦公式来计算模糊相似矩阵中的相似系数；然后通过逐次平方法(successive squares method，SSM)求出传递闭包矩阵 $R^* = t(R_f)$；最后通过设定适当的置信水平 $\lambda \in [0,1]$ 进行分类，确定各子序列的权重，进而选取待测参数子序列的相似子序列。

表 1-24　各相似系数方法的优缺点

方法	优点	缺点
距离法	计算简单，应用范围较广	不适合无法直接量化的定性指标
夹角余弦法	对于归一化参数之间的相似系数，其计算结果具有统计意义	对于定性指标，需要增加量化过程
主观评分法	适合被分类对象的特征指标为定性指标的情况	结果受主观因素影响较大

　　动态相似法与现有的静态相似法对比如图 1-25 所示。现有方法可归纳为静态相似法，即认为影响因素相似，待预测量也会相似。以负荷预测为例，图 1-25 中的第 1,2,3 天，因为温度、日类型等条件相似，现有方法认为负荷会相似。事实上，图中样本 2，负荷与 1 和 3 有较大差别，因为样本 2 之前几天是高温，之前的高温天气也会对样本 2 这一天的负荷产生较大的影响。动态相似法则认为，有累积效应的影响因素，变化过程相似，且其他影响因素相似。序列 1 与序列 2 的负荷变化过程相似。利用这种相似性，可以准确考虑累积效应的影响。

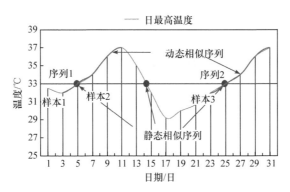

图 1-25　动态相似法与现有的静态相似法对比

　　现有的一些时间序列预测方法存在较大误差，往往是因为没有准确考虑累积效应的影响。动态相似法具有很强的通用性，对提高时间序列的预测准确率有较大的意义。

1.5.3　动态相似子序列预测模型

　　为了利用选取的动态相似子序列进行时间序列的预测，本节给出了较完整的预测模型。预测模型的整体框架可以包括数据采集、附加输入、动态相似法和预测方法，下面给出更详细的描述。

(1) 数据采集: 从存储器中获取历史数据, 历史数据包括目标参数及其对应的不同影响因素。若不确定某些因素是否为目标参数的影响因素, 则可提前通过相关性分析进行确定。

(2) 附加输入: 可通过外部系统尽可能准确地获得未来的影响因素数据, 即影响因素的预报值。

(3) 动态相似法: 通过确定时间窗的长度并滑动窗口, 将历史数据中的目标参数及其对应的不同影响因素转变为子序列形式。利用动态相似法找出待测参数子序列的动态相似子序列。

(4) 预测方法: 采用上述预测方法, 根据动态相似子序列和待测参数子序列中目标参数的内部变化过程对待测参数进行预测。

在选择动态相似子序列后, 根据动态相似子序列和待测参数子序列中目标参数的内部变化过程来对待测参数进行预测。在本节中, 认为 $L_r(W)$ 相对于 $L_r(W-1)$ 的变化率近似等于 $L_i(W)$ 相对于 $L_i(W-1)$ 的变化率。由此, 待测参数 $L_r(W)$ 可以通过式(1-46)预测得出:

$$\hat{L}_r(W) = \frac{L_i(W) \cdot L_r(W-1)}{L_i(W-1)} \tag{1-46}$$

式中, $\hat{L}_r(W)$ 为待测参数 $L_r(W)$ 的理论预测值。

理论预测值 $\hat{L}_r(W)$ 与实际值 $L_r(W)$ 的相对误差可以表示为

$$\varepsilon_W = \frac{\hat{L}_r(W) - L_r(W)}{L_r(W)} \tag{1-47}$$

选取的动态相似子序列不同, 对应的相对误差 ε_W 也不同。可以认为相对误差 ε_W 与待测参数子序列的前 $W-1$ 个目标参数变化率的平均相对误差近似相等, 即

$$\begin{aligned}
\bar{\varepsilon}_W &= \frac{1}{W-2} \sum_{b=2}^{W-1} \left[\frac{L_r(b) - L_r(b-1)}{L_r(b-1)} - \frac{L_i(b) - L_i(b-1)}{L_i(b-1)} \right] \\
&= \frac{1}{W-2} \sum_{b=2}^{W-1} \left[\frac{L_r(b)}{L_r(b-1)} - \frac{L_i(b)}{L_i(b-1)} \right]
\end{aligned} \tag{1-48}$$

$$\varepsilon_W \approx \bar{\varepsilon}_W \tag{1-49}$$

式中, $\bar{\varepsilon}_W$ 为待测参数子序列的前 $W-1$ 个目标参数变化率的平均相对误差。

因此, 联立式(1-46)~式(1-49), 可求得待测参数 $L_r(W)$ 为

$$L_r(W) = \frac{L_i(W) \cdot L_r(W-1)}{L_i(W-1) \cdot (\bar{\varepsilon}_W + 1)} \tag{1-50}$$

时间窗的长度(即 W 的值)取决于所研究案例中累积效应的持续时间。因此,

为了将提出的方法应用于时间序列预测之前确定 W 的值，首先需要对数据集进行训练。

从数学上来说，当将所提出的模型应用于训练数据集时，W 的值可以通过预测误差的最小化来确定。在本小节中，采用平均绝对百分比误差(mean absolute percentage error，MAPE)来评估预测误差，即

$$MAPE = 100 \cdot \frac{1}{N} \sum_{h=1}^{N} \left| \frac{\hat{X}(h) - X(h)}{X(h)} \right| \tag{1-51}$$

式中，$\hat{X}(h)$ 为时刻 h 的预测值，可通过所提出的预测模型获取；$X(h)$ 为时刻 h 的实际记录值；N 为训练数据集中预测对象的数目。

在实际应用中，时间窗长度 W 可以通过交叉验证法计算求出。本节采用 n 折交叉验证法来获得 W 的最优系列值。在 n 折交叉验证法中，原始数据集分成 n 个子序列集。在所有 n 个子序列集中，将 $n-1$ 个子序列集作为训练集进行训练，并用一个子序列集对这 $n-1$ 个训练集训练所生成的模型进行验证。因此，这个过程重复 n 次，每次使用其中一个子序列集验证一次。然后，将得到的 n 个结果进行平均组合，以产生最终的结果。该方法的优点是，所有的样本都进行了训练和验证。

通过改变 W 的大小来对每一折交叉验证的预测误差 $e_{fold}\{W=j\}$ 进行计算，其中 $j=1,2,\cdots,W_{max}$，W_{max} 的值可由实际经验来设定。不同的时间窗长度对应的平均预测误差可由式(1-52)给出：

$$e_j = \frac{1}{n} \sum_{i=1}^{n} e_{fold}\{W = j\} \tag{1-52}$$

当 e_j 最小时，所对应的 W 值即为选取的时间窗长度。值得注意的是，W 是一个正整数，且实际情况下 W 的值也不会很大。因此，不需要通过太多次尝试即可找出 W 的合适值。

$$W = \arg\min\{MAPE\} \tag{1-53}$$

新数据可以加入训练集中来重新确定时间窗的长度。然而，当时间序列的发展进程相对稳定，即未发生重大事件和事故来对时间序列的变化过程产生持续影响时，只需按计划定期对时间窗长度进行修正。相反，若发生能对时间序列的变化过程产生持续影响的重大事件或事故，则这些新记录的数据需要及时加入训练集中，并进行时间窗长度的重新确定。在该方法中，对于同一种影响因素，选取的时间窗长度被认为是一个定值。同时，对于不同影响因素的时间子序列，所选取的时间窗长度也被认为是一个定值。但实际上，对于不同的影响因素，其对目标参数产生的累积效应持续时间不一定相同。也就是说，将所有参数的时间窗长度都设为相同的值，虽然可以较准确地反映累积效应的作用，但可能做得还不够

全面，优化空间依然较大。

以日平均负荷预测为例，针对不同因素的时间窗长度的选取对预测结果的影响进行定量分析和定性分析。下面将从目标参数和影响因素两方面分别展开分析。

为了简化分析过程，将其他子序列的时间窗长度设为固定值，即通过只改变单一因素的时间窗长度来定量和定性地观测其对相似子序列选取结果和预测结果的影响。

将各影响因素的时间窗长度都设定为 4 天，并选取 2014 年 7 月、2014 年 8 月和 2014 年全年的 MAPE 作为预测结果的观测值。改变目标参数(即日平均负荷)子序列的时间窗长度，得到的预测结果如表 1-25 和图 1-26 所示。

表 1-25　不同目标参数子序列时间窗长度的预测结果

目标参数子序列时间窗长度/天	其他子序列时间窗长度/天	MAPE/%		
		2014 年 7 月	2014 年 8 月	2014 年全年
3	4	1.663	1.894	2.068
4	4	1.618	1.915	1.936
5	4	2.607	2.635	2.730
6	4	2.656	2.703	2.624
7	4	2.778	4.856	3.390
8	4	2.350	4.406	3.648
9	4	3.026	2.543	3.048
极差(最大值–最小值)		1.408	2.962	1.712

可以看出，通过改变目标参数子序列的时间窗长度，最后得到的预测误差 MAPE 也会发生相应变化。因此，不同的目标参数子序列时间窗长度会对相似时间子序列的选取产生一定的影响，进而影响到最终的预测结果。在表 1-25 中，2014 年 7 月、2014 年 8 月和 2014 年全年 MAPE 的极差分别为 1.408%、2.962%

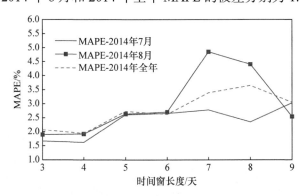

图 1-26　不同目标参数子序列时间窗长度的预测结果

和 1.712%。因此，改变目标参数子序列的时间窗长度对 2014 年 8 月的日平均负荷预测结果的影响较大。

与分析目标参数对时间窗长度选取的影响方法相似，在探讨各影响因素对时间窗长度选取的影响时，也将其他因素的时间窗长度设定为 4 天。本节选取 2014年 7 月、2014 年 8 月和 2014 年全年的 MAPE 作为预测结果的观测值。在电力系统短期日平均负荷预测中，分别探讨温度(最高温度、最低温度和平均温度)、相对湿度、降雨量和日类型子序列的不同时间窗长度对预测结果的影响。通过对短期日平均负荷进行预测，最终得到的预测结果如图 1-27 所示。

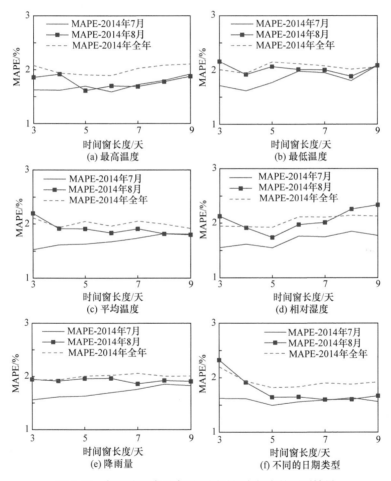

图 1-27　各影响因素子序列不同时间窗长度的预测结果

从图 1-27 中可以看出，改变各影响因素子序列的时间窗长度，最终得到的预测误差 MAPE 也会发生相应变化。在测试的时间窗长度范围内，预测误差 MAPE的变化幅度也都基本限制在 1% 之内。对于不同影响因素，其预测误差 MAPE 随时间窗长度的变化也不同。改变各影响因素子序列时间窗长度得到的预测误差 MAPE 的变化范围并没有比改变目标参数子序列时间窗长度得到的预测误差 MAPE 的变化范围大。这是因为目标参数变化产生的最直观的影响就是目标参数值发生改变，而各影响因素的变化对目标参数值产生的影响存在中间环节，即各影响因素通过对人的生活与生产方式产生影响，进而对电力系统日平均负荷产生影响。因此，各影响因素对目标参数值产生的影响并没有目标参数自身变化对目标参数值产生的影响那么直观和直接。

对于不同的影响因素，其对目标参数显著累积效应的持续时间长度不尽相同。因此，对于不同的影响因素，对它们的时间窗长度的选择也应有所不同。时间窗长度(即 W)不再是一个数值，而应该为一组序列。可将时间窗长度表示为 $W = (w_0, w_1, w_2, \cdots, w_C)$。其中，$w_0$ 为目标参数子序列的选取长度；$w_1, w_2, \cdots, w_C$ 分别为各影响因素子序列的选取长度。

将所提出的预测模型应用于训练数据集，时间窗长度 $W = (w_0, w_1, w_2, \cdots, w_C)$ 也可以通过预测误差 MAPE 的最小化来确定，即

$$W = \arg\min\{\text{MAPE}\} \tag{1-54}$$

值得注意的是，$W = (w_0, w_1, w_2, \cdots, w_C)$ 为多变量。同时，优化函数作为求解变量的隐函数。因此，利用该方法对问题求解的计算量将大大增加。

为了减少计算量，可以结合实际情况，通过处理实际问题的经验来限定各变量的变化范围：

$$\text{s.t.} \quad I_c \leqslant w_c \leqslant J_c, \quad w_c \text{为整数}, \quad c = 0, 1, 2, \cdots, C \tag{1-55}$$

式中，I_c 为限定 w_c 的最小值；J_c 为限定 w_c 的最大值。I_c 和 J_c 都是依据人为经验所设定的正整数。

1.6 本章小结

累积效应在时间序列预测中广泛存在。为了实现更准确的时间序列预测，掌握时间序列的变化规律及各种影响机理，识别并解耦时间序列中的累积效应是时间序列能否准确预测的制约性因素。本章首先从累积效应和时间序列的概念出发，通过温度累积效应对负荷影响这一典型现象解释了累积效应存在于时间序列时会使得各影响因素对目标参数的影响存在时间滞后，研究对象会受到目标参数存在的动态变化规律的影响。在不同条件下累积效应强度不同，温度累积效应强度也受到多种因素影响，根据温度累积效应的影响变化规律，利用考虑累积效应的温度修正公式对温度进行修正，从而反映对负荷的影响。其次，介绍了信息聚合方

法，通过信息聚合对数据进行处理，提取有效信息，其中详细介绍了 k-means 聚类法，通过对上海市 2003～2016 年电力及各类经济指标数据进行聚类，分析了各个经济指标与年度总用电量的相关程度。再次，由于数据聚合过程中各种因素相互影响，互相牵连的复杂关系会影响数据聚合的准确性，本章剖析了主成分分析法和因子分析法从多个指标中寻找具有代表性的综合指标的实现过程。接着，对比介绍了是否考虑累积效应的信息聚合方法的优势，引出了考虑累积效应的信息聚合模型，通过一阶 Takagi-Sugeno 结构的模糊神经网络模型和反向传播算法与最小二乘法结合的 hybrid 训练优化算法预测验证信息聚类结果的有效性。接着，针对累积效应的识别方法，在时间序列特征提取的基础上，介绍了参数分析法和多元拟合法。最后，介绍了动态相似子序列的基本概念，提出了选取待测参数子序列的相似子序列的动态相似法，详细阐明了预测模型的整体框架，根据预测模型，利用加权和法及模糊聚类法对待测参数进行预测。实验结果表明，本章提出的方法具有很好的准确性和适应性。

参 考 文 献

[1] 黎灿兵, 刘梅, 单业才, 等. 基于解耦机制的小地区短期负荷预测方法[J]. 电网技术, 2008, 32(5): 87-92.

[2] 肖伟, 罗滇生, 董雪. 积温效应分析及日最大负荷预测中的应用[J]. 微计算机信息, 2009, 25(1): 262-264.

[3] 黄俊杰, 徐兴华, 崔小鹏, 等. 融合趋势信息的时间序列符号聚合近似方法[J]. 计算机应用研究, 2023, 40(1): 86-90.

[4] 秦川, 丁鹏飞, 刘波, 等. 计及气象累积效应的特征解耦峰荷预测模型[J]. 电力系统自动化, 2022, 46(6): 66-72.

[5] 张秋桥, 王冰, 汪海姗, 等. 基于生长曲线与气温累积效应的气象负荷预测[J]. 现代电力, 2021, 38(2): 171-177.

[6] 颜博文. 基于外部信息聚合技术的中长期负荷预测方法研究[D]. 长沙: 湖南大学, 2018.

[7] Sawada N, Uemura M, Fujishiro I. Multi-dimensional time-series subsequence clustering for visual feature analysis of blazar observation datasets[J]. Astronomy and Computing, 2022, 41: 100663.

[8] Vapnik V N. The Nature of Statistical Learning Theory[M]. New York: Springer, 1995.

[9] Yang H T, Huang C M. A new short-term load forecasting approach using self-organizing fuzzy ARM AX models[J]. IEEE Transactions on Power Systems, 1998, 13(1): 217-225.

[10] Arcos-Aviles D, Pascual J, Marroyo L, et al. Fuzzy logic-based energy management system design for residential grid-connected microgrids[J]. IEEE Transactions on Smart Grid, 2018, 9(2): 530-543.

第 2 章　考虑累积效应和耦合效应的
负荷预测技术及应用

2.1　概　　述

电力系统负荷预测，也常称为需求预测，是指预测某一特定地理区域在一段时间内所需电量的过程。在电力系统中，供需电能的瞬时性变化以及目前电能储存的技术局限性，使得负荷预测在整个系统中扮演着极其重要的角色。现有研究表明，城市微气象的变化会影响电力空调负荷，且城市微气象与电力空调负荷之间存在交互影响[1-4]。

热岛效应、空调负荷的温湿效应和累积效应这三种效应的综合对电力空调负荷在时间尺度和空间尺度上具有时滞特征的正反馈交互影响。基于此，需要考虑累积效应及耦合效应，建立城市微气象与电力空调负荷的交互影响模型，并利用基于人工智能的短期用电预测方法建立短期用电负荷预测模型。

2.2　城市微气象与电力空调负荷的交互影响

2.2.1　城市微气象与电力空调负荷的交互影响模型概述

在全球气候变暖、极端天气频发的过程中，城市微气象以更快的速度恶化，给全球超过 50%人口的生活带来了巨大影响，而且影响范围将进一步增大。城市微气象恶化最重要的现象是城市热岛效应，城市热岛效应会增加电力空调负荷。但是，实际电力空调负荷的产生还受温湿效应和累积效应的影响，并且城市中高密度空调负荷排放的大量废热会反过来加剧城市热岛效应[5-8]。掌握城市微气象与电力空调负荷之间的交互影响关系将有助于减少电力空调用电量、改善城市微气象，进而达到节能减排、改善城市宜居度的效果，同时有助于提高短期负荷预测的准确率，使电力系统更加安全稳定地运行[9-11]。首先，通过一个案例来说明热岛效应、空调负荷的温湿效应和累积效应这三种效应都存在时对电力空调负荷的综合影响。某市 2005 年夏季连续三个工作日的气温情况如表 2-1 所示。

表 2-1　三种效应对电力空调负荷综合影响示例

日期	郊区气温/℃	市区气温/℃	温湿效应影响下的市区感知气温/℃	经过累积效应修正后的气温/℃
2005 年 7 月 19 日	31.3	33.8	35.07	38.24
2005 年 7 月 20 日	33.2	35.7	34.66	42.91
2005 年 7 月 21 日	32.7	35.2	34.09	50.17

　　一般认为气温超过 35℃ 为高温天气。虽然某市所处地区在这三天内的气温并不高，但在城市热岛效应的作用下市区气温比郊区气温平均高 2.5℃，市区属于连续高温的状态。由于"桑拿天"存在温湿效应，人体感知气温进一步提升，人体感知气温的计算方法将在 3.3 节详细介绍。同时，累积效应会加大连续高温日的电力空调负荷，第三天的气温经过累积效应的修正相当于 50.17℃，累积效应对气温的修正方法将在 3.4 节详细介绍。因此，实际电力空调负荷用电量远大于根据气温预测得到的用电量，在该示例中，某市居民在 2005 年 7 月 21 日实际感受到的温度是 50.17℃ 而不是 32.7℃。反过来，夏季城市中大份额的空调负荷密集向外部环境排放废热以及温室气体，严重加剧了城市热岛效应。

　　城市微气象与电力空调负荷之间的交互影响过程同时包含时间尺度和空间尺度。图 2-1 描述了城市微气象与电力空调负荷交互机理。在时间尺度上，该模型包含了最多三天的天气信息；在空间尺度上，该模型集合了城市中各个局部地区的热岛效应、电力空调负荷的温湿效应和累积效应，以及城市中可能对温度变化产生影响的其他因素。

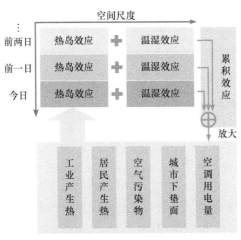

图 2-1　城市微气象与电力空调负荷交互机理

2.2.2 热岛效应对电力空调负荷的影响

随着城市规模越来越大, 城市下垫面(大气圈以地球的水陆表面为其下界, 称为大气层的下垫面, 其包括地形、地质、土壤和植被等, 是影响气候的重要因素之一)结构越来越复杂, 工业负荷和电力空调负荷的废热排放强度增加, 汽车尾气等温室气体排放强度增加, 导致城市中不同区域的温度有较大差别。城市热岛效应的程度可用热岛强度 HII 来表征, 即某点气温与参照点气温之间的差。但是, 如何准确描述热岛强度仍在探讨中, 其计算方法有多种。有很多学者在研究中分别采用日最高气温、日平均气温、日最低气温、月平均气温、年平均气温等进行讨论。在计算热岛强度时, 通常将城市监测点与乡村监测点相比较, 城市热岛强度等于城市监测点实测气温减去乡村监测点实测气温。但是, 随着城市化发展进程的加速, 许多城市监测点在附近已找不到经纬海拔相近的乡村监测点。若选择的乡村监测点距离城市监测点较远, 则应消除由纬度、经度、海拔、特殊地貌等自然因素带来的温度偏差, 而且随着经济的发展, 乡村监测点温度也会受到一定程度热岛效应的影响[12]。

本小节采用的热岛强度计算方法是用城市的平均气温减去基准气温, 选取城市周围郊区多个地点的气温平均值作为基准气温[13], 即

$$\text{HII} = T_{城市} - \overline{T}_{郊区} \qquad (2\text{-}1)$$

本节以某市为例, 详细说明城市微气象与电力空调负荷之间的交互影响规律。由于没有 2005 年某市各地区的气象数据, 本小节采用 2005 年夏季某市各地区平均地表气温数据[14], 如表 2-2 所示。

表 2-2　2005 年夏季某市各地区平均地表气温　　　　　(单位: ℃)

效区										市区
A 区	B 区	C 区	D 区	E 区	F 区	G 区	H 区	I 区	J 区	
22.68	21.26	22.64	22.78	23.86	23.53	24.27	24.86	25.14	25.24	26.26

某市 C 区有一个面积很大的水库, 其对地表气温有极大的影响, 如果将其选作基准气温, 将产生比较大的误差, 因此在计算基准气温时忽略 C 区的气温, 得到各地区的平均气温为 23.74℃, 计算得到的平均热岛强度约为 2.5℃。在本小节的计算中, 认为某市 2005 年夏季的热岛强度为 2.5℃。

2004 年, 某市城市热岛效应显著, 市区的气温明显高于周边区域的气温。城市热岛效应会给市民的生活以及城市的环境带来诸多影响, 其中一个影响就是增加电力能源的消耗。显而易见, 城市热岛效应使城市中的气温升高, 必然会导致电力空调使用的增加。在美国洛杉矶, 当气温超过 18℃时, 温度每上升 1℃, 电力空调负荷就会增加 3%, 电力空调负荷上升, 电力空调用电量也随之增加[15]。

某市城区电力负荷主要是民用负荷和商用负荷。在夏季高温时段，民用电尖峰负荷的 50% 以上都是电力空调负荷，其中民用负荷用电量的 50% 左右是由电力空调负荷产生的[16]。因此，夏季高温时段电力空调负荷是某市尖峰负荷的主体，在全市用电量中占有很高的比例。同时，城市热岛效应使得市区的温度高于周边地区，因此由城市热岛效应引起的某市电力负荷和用电量增加是不容忽视的。以某市为代表的中国大中型城市的夏季电力负荷紧张的情况在很大程度上受城市热岛效应的影响。

2.2.3　温湿效应对电力空调负荷的影响

人体通过汗液蒸发带走热量来降低自身温度，如果人体周围的相对湿度过大，汗液的蒸发率就会降低，此时人体所含热量会大于相同温度干燥空气时的情况。因此，只用气温来描述人体感知温度还远远不够，相对湿度同样应该被考虑进来。相对湿度是空气中水蒸气分压力和同温度下饱和水蒸气分压力之比，反映了湿空气中水蒸气含量接近饱和的程度。相对湿度越小，空气越干燥，空气吸收水蒸气的能力越强；反之，相对湿度越大，空气越潮湿，空气吸收水蒸气的能力越弱。当相对湿度为 100% 时，空气不再具有吸湿能力[17]。

温度和相对湿度对人体影响可以用实感温度来描述。实感温度是人体的一种热量感觉指标，用静止饱和大气条件(相对湿度=100%、风速=0m/s 时)下使人体达到舒适感觉的温度来代表使人体产生同样感觉的某个特定气温、风速和相对湿度[18]。例如，以下三种情况都相当于实感温度 17.7℃[19]：

(1) 气温=17.7℃，相对湿度=100%，风速=0m/s。

(2) 气温=22.4℃，相对湿度=75%，风速=0.5m/s。

(3) 气温=25℃，相对湿度=20%，风速=2.5m/s。

此外，温湿指数也可以综合反映气温和相对湿度两个因子对人体热感的影响。例如，某天的气温是 30℃，但是加上湿度的影响，人体感觉到的实际温度却是 32℃。此外，当气温适中时，相对湿度的变化对人体实感温度产生的影响较小，但是，当气温较高或者较低时，相对湿度的变化对人体的实感温度有很大影响[20]。因此，本小节的研究着重于高温季节，需要考虑相对湿度的影响。

温湿指数的计算方法[21,22](考虑了相对湿度的影响)如下所示：

$$\text{HI} = c_1 + c_2 T + c_3 R_{RH} + c_4 T R_{RH} + c_5 T^2 + c_6 R_{RH}^2 + c_7 T^2 R_{RH} + c_8 T R_{RH}^2 + c_9 T^2 R_{RH}^2$$

$$(2\text{-}2)$$

式中，HI 为温湿指数(华氏)；T 为温度(华氏)；R_{RH} 为相对湿度(百分比)。

有的计算方法在修正之后温湿指数高达 50℃，甚至 70℃，而这样修正的结果不适于表达温度和电力空调用电量之间的关系，而且可能无法准确体现人体真正的感觉。在尝试了多种系数之后，本小节的系数设置为：c_1=-42.38，c_2=2.049，c_3=10.14，c_4=-0.2248，c_5=-6.838×10^{-3}，c_6=-5.482×10^{-2}，c_7=1.228×10^{-3}，c_8=8.528×10^{-4}，c_9=-1.99×10^{-6}，温度 T 应大于 80℉，相当于 27℃；相对湿度应大于 40%，计算过程中要将温度进行华氏度和摄氏度的转换。按照式(2-2)计算 27～43℃在不同相对湿度下的温湿指数，可以得到如表 2-3 所示的温湿指数表。

表 2-3　温湿指数表

T/℃	HI/%											
	40	45	50	55	60	65	70	75	80	85	90	95
43	40.1	40.3	40.6	40.9	41.2	41.5	41.8	42.1	42.4	42.6	42.9	43.2
42	39.4	39.7	40.0	40.2	40.5	40.8	41.1	41.3	41.6	41.9	42.2	42.4
41	38.7	39.0	39.3	39.5	39.8	40.1	40.3	40.6	40.9	41.1	41.4	41.6
40	38.0	38.3	38.5	38.8	39.0	39.3	39.6	39.8	40.1	40.3	40.6	40.8
39	37.3	37.6	37.8	38.0	38.3	38.5	38.8	39.0	39.3	39.5	39.8	40.0
38	36.6	36.8	37.0	37.3	37.5	37.7	38.0	38.2	38.4	38.7	38.9	39.1
37	35.8	36.0	36.3	36.5	36.7	36.9	37.2	37.4	37.6	37.8	38.1	38.3
36	35.0	35.2	35.4	35.7	35.9	36.1	36.3	36.5	36.7	37.0	37.2	37.4
35	34.2	34.4	34.6	34.8	35.0	35.2	35.5	35.7	35.9	36.1	36.3	36.5
34	33.4	33.6	33.8	34.0	34.2	34.4	34.6	34.8	35.0	35.2	35.4	35.6
33	32.5	32.7	32.9	33.1	33.3	33.5	33.7	33.9	34.1	34.3	34.4	34.6
32	31.7	31.8	32.0	32.2	32.4	32.6	32.8	32.9	33.1	33.3	33.5	33.7
31	30.8	30.9	31.1	31.3	31.5	31.6	31.8	32.0	32.2	32.4	32.5	32.7
30	29.8	30.0	30.2	30.4	30.5	30.7	30.9	31.0	31.2	31.4	31.5	31.7
29	28.9	29.1	29.2	29.4	29.6	29.7	29.9	30.1	30.2	30.4	30.5	30.7
28	28.0	28.1	28.3	28.4	28.6	28.7	28.9	29.1	29.2	29.4	29.5	29.7
27	27.0	27.1	27.3	27.4	27.6	27.7	27.9	28.0	28.2	28.3	28.5	28.6

　　如表 2-3 所示，图中折线右下方的温湿指数由于受湿度的影响，大于不考虑湿度时的温度。根据式(2-2)，用某市 2005 年 6 月 21 日至 8 月 23 日的日平均温度和相对湿度进行计算，可以得到每日的温湿指数，部分如表 2-4 所示。可以看出，夏季高温时节，气温受到相对湿度的影响，使得人体感知到的实际温度都有不同程度的上升。

表 2-4　2005 年某市部分日温湿指数

日期	平均气温/℃	相对湿度/%	人体感知温度修正/℃
2005 年 7 月 1 日	31.133	84	32.45
2005 年 7 月 2 日	29.358	73	30.34
2005 年 7 月 3 日	30.425	86	31.83
2005 年 7 月 4 日	31.75	73	32.64
2005 年 7 月 5 日	32.938	74	33.78
2005 年 7 月 6 日	32.042	65	32.62
2005 年 7 月 7 日	28.946	73	29.94
2005 年 7 月 8 日	27.508	85	28.86
2005 年 7 月 9 日	27.275	88	28.71
2005 年 7 月 10 日	26.888	87	26.888

用计算出的温湿指数替代原来的温度，用 S 形曲线重新拟合 5 月(去除 5 月 1 日至 7 日)至 9 月温度与电力空调用电量的关系，得到关系函数如式(2-3)所示，拟合曲线如图 2-2 所示。

$$y = \frac{560.15 - 7267.39}{1 + \left(\dfrac{x}{27.75}\right)^{10.57}} + 7267.39 \tag{2-3}$$

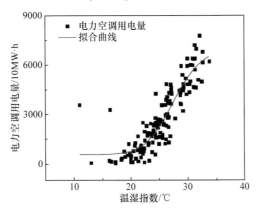

图 2-2　温湿指数与电力空调用电量拟合曲线

曲线拟合的相关系数 R^2 由未修正前的 0.81 上升至 0.82，由此可以看出，温湿指数与电力空调用电量之间的关系比温度更加紧密。由此可知，考虑温湿效应研究电力空调用电量更加合理。根据前述分析，夏季的湿度明显提高了人体感知温度，因此温湿效应增加了相当部分的电力空调用电量。

2.2.4 累积效应对电力空调负荷的影响

根据作者所在团队多年的负荷预测经验，对当日气温的修正要考虑前一日甚至是前几日的气温影响。因此，应该对当日和前一日的气温进行加权平均，即

$$T_{当日修} = \frac{T_{当日}\lambda_{当日} + T_{前一日修}\lambda_{前一日}}{\lambda_{当日} + \lambda_{前一日}} \tag{2-4}$$

式中，λ 为气温的权重，针对不同的气温 T，λ 是不同的。

一般而言，在高温季节，气温越高，对人体感知温度的影响越大，因此 λ 也越大。通过对历史数据的研究发现，权重 λ 和温度 T 之间的关系不应当是简单的正比关系，而应当反映温度对电力空调负荷的影响力度。考虑到本书研究针对的是平均气温，当平均气温在 22～32℃时，气温对电力空调负荷的影响较大，此时气温每上升 1℃，电力空调的负荷会明显增长。在 22～32℃以外，气温每上升 1℃，增加的电力空调负荷相对较小。因此，权重 λ 在 22～32℃的斜率应该相对较大，拉开该区间内不同气温对应的权重，使得 22～32℃阶段单位气温的影响力高于该区间以外的单位气温。经过多次尝试，本小节采用的权重 λ 的计算方法如式(2-5)所示，该方法可以满足上述变化规律。气温 T 与权重 λ 的函数关系如图 2-3 所示。

$$\lambda = 1 - \exp\left[-\exp\left(\frac{T-26}{6}\right)\right] \tag{2-5}$$

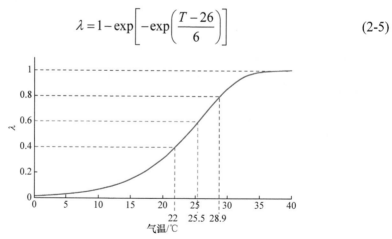

图 2-3　气温与权重 λ 的函数关系

值得注意的是，在计算修正温度时，前一日的气温应当使用前一日修正过后的温度。这是因为影响人体感觉的是修正过后的温度，而非原始气温。

上述修正关系适用于一般情况，以下情况并不适用：

当连续高温时，人体对气温感知滞后，会使电力空调负荷迅速增长。此时，

式(2-5)不能反映这种指数增长的趋势，而采用式(2-6)对连续的高温进行放大。

$$T_{当日修} = \frac{\sum_{i\leqslant 3} T_i \cdot \exp\left(\frac{n+1}{20}\right)}{3} \tag{2-6}$$

式中，i 的取值为 1、2、3，分别代表前两日、前一日和当日；n 为在连续高温的天数中处于第 n 天。

例如，某月 1～5 日是连续高温天气，若计算 4 日的修正温度，则 T_1 是 2 日的气温，T_2 是 3 日的气温，T_3 是 4 日的气温，i=4。此外，人们在使用空调时有一定季节性习惯，例如，在初夏时，即使气温超过 35℃也不一定使用空调，但是在盛夏时，气温超过 30℃时即打开空调。因此，连续高温在初夏和盛夏的定义也不相同，本书定义初夏日平均气温超过 35℃，并持续 3 日及以上时，第 3 日为连续高温的开始；盛夏时日平均气温超过 30℃，并持续 3 日及以上时，其中某日平均气温达到 35℃时为连续高温的开始。

某市的夏季多雨，但是一般的雷阵雨并不能起到降温的作用。雷阵雨的降雨量较少，降雨时间较短，不能及时带走热量。同时，雷阵雨前后气压的变化还有可能给人们带来闷热的感觉，反而增加了电力空调的使用量。但是，暴雨的降雨量大，持续时间较长，往往能迅速降低气温，大大减少电力空调负荷。因此，当有暴雨来临时，暴雨当日的权重选取为 6，极大地增加了暴雨当日气温对附近几日气温的影响。

按照上述方法，对 2005 年某市 6 月 21 日至 8 月 23 日的气温进行累积效应修正，部分日修正后的温度如表 2-5 所示。

表 2-5 2005 年某市部分日经过累积效应修正后的温度

日期	平均气温/℃	经过累积效应修正后的温度/℃
2005 年 6 月 30 日	29.979	—
2005 年 7 月 1 日	31.133	29.960
2005 年 7 月 2 日	29.358	29.664
2005 年 7 月 3 日	30.425	30.052
2005 年 7 月 4 日	31.750	35.493
2005 年 7 月 5 日	32.938	40.187
2005 年 7 月 6 日	32.042	46.068
2005 年 7 月 7 日	28.946	38.433
2005 年 7 月 8 日	27.508	33.846
2005 年 7 月 9 日	27.275	31.078
2005 年 7 月 10 日	26.888	29.269

将修正后的温度替代原来的气温，用 S 形曲线重新拟合 5 月(去除 5 月 1 日至 7 日)至 9 月温度与电力空调用电量的关系，得到关系函数如式(2-7)所示，拟合曲线如图 2-4 所示。

$$y = \frac{306.96 - 6606.74}{1 + \left(\dfrac{x}{26.78}\right)^{11.54}} + 6606.74 \tag{2-7}$$

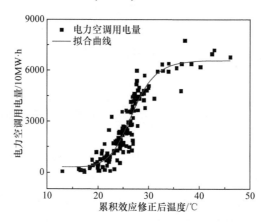

图 2-4　累积效应修正后温度与电力空调用电量拟合曲线

曲线拟合的相关系数 R^2 由未修正前的 0.81 上升至 0.87，说明考虑人们对气温的累积感受更加符合实际电力空调的使用情况，由此可知本小节提出的累积效应修正方法是切实有效的。

累积效应对电力空调用电量的影响不是单一方向的，它不像热岛效应或温湿效应是肯定增加电力空调用电量的。在连续高温的情况下，累积效应会大大增加电力空调用电量。但是如果是多日低温后出现高温，受累积效应的影响高温当日人体感觉的温度会低于实际的气温，导致高温当日电力空调用电量有所减少。从总体来说，在夏季，累积效应增加了电力空调的总用电量。

2.2.5　城市热岛效应、温湿效应和累积效应对电力空调负荷的综合影响

城市微气象对电力空调负荷的影响综合了城市热岛效应、电力空调负荷的温湿效应和累积效应这三种效应的影响。

如果用 T' 表示这三种效应综合作用后的温度，那么 T' 可以用式(2-8)表示，即

$$T' = h\big(g\big(f(T)\big)\big) \tag{2-8}$$

式中，$f(x)$ 为热岛效应对气温的作用，$f(x) = x + \mathrm{HI}$；$g(x)$ 为温湿效应对气温的作用，$g(x) = \mathrm{HI}(T, H)$；$h(x)$ 为累积效应对气温的作用。

用 T' 替换原来的 T 重新进行温度与电力空调用电量之间关系的拟合,得到新的函数关系 y'。由于是 T' 而非 T 影响着电力空调用电量,所以可以认为新的函数关系 y' 能反映温度与电力空调用电量的实际关系。

若城市热岛效应、电力空调负荷的温湿效应和累积效应这三种效应都不存在,则电力空调用电量应为 $y'(T)$;考虑这三种效应的综合影响,电力空调用电量为 $y'(T')$。因此,这三种效应综合作用导致的电力空调用电量的变化量应为 $y'(T') - y'(T)$。考虑每种效应的单独影响,由累积效应单独导致的电力空调用电量的变化量等于 $y'(T') - y'(g(f(T)))$;由温湿效应单独导致的电力空调用电量的变化量等于 $y'(g(f(T))) - y'(f(T))$;由城市热岛效应单独导致的电力空调用电量的变化量等于 $y'(f(T)) - y'(T)$。由于式(2-8)是非线性的,所以城市热岛效应、电力空调负荷的温湿效应和累积效应这三种效应的综合作用并不是这三种效应单独作用的效果之和。$h(x)$ 在部分定义域的值被迅速放大,因此可以认为三种效应的综合作用大于其单独作用的总和。

2.2.6　电力空调负荷对城市微气象的反作用

目前,中国的大部分电力空调是基于制冷机系统工作的,一般由四个主要部件组成,分别是蒸发器(室内机组)、压缩机、冷凝器和节流机构,后三个部件构成了室外机组。制冷机的工作原理为:压缩机将制冷剂的低压蒸汽吸入且压缩,变为高压蒸汽后排放至冷凝器。同时,室外空气被轴流风扇吸入,流经冷凝器时吸收制冷剂散发出来的热量,这一过程使高压制冷剂蒸汽凝结变为高压液体,因此从室外机组吹出来的是热风。高压液体流经过滤器、节流机构后喷入蒸发器,在相应的低压环境下蒸发,吸收周围热量。同时,贯流风扇使空气不断进入蒸发器的肋片间进行热交换,并将放热后变冷的空气送回室内,因此室内机组吹出来的就是冷风。空气中的水蒸气遇到冷的蒸发器后就会凝结成水滴,顺着水管流出去,这就是空调会出水的原因。如此室内空气不断循环流动,达到降低温度的目的。简单来说,制冷机的工作原理就是冷凝剂汽化吸收热量,随后液化将这部分热量排出。

将包括空调房间、空气处理室在内的空调系统选作一个热平衡范围。夏季该系统的热平衡式为

$$Q_0 = Q_1 + Q_w + Q_2 \tag{2-9}$$

式中,Q_0 为空调系统的冷负荷;Q_1 为空调房间的冷负荷,当室内热源形成的冷负荷一定、室外气象参数不变时,Q_1 随建筑结构热特性及室内空气状态参数的改变而改变;Q_w 为新风冷负荷,当室外空气焓值一定时,Q_w 随新风量的增多和室内空气焓值的降低而增高;Q_2 为包括风电机组温升、再热以及风道系统冷(热)量损

失引起冷负荷的增量。影响空调系统能耗的因素有室外气象参数(包括气温和太阳辐射强度)，室内设计标准，建筑结构热特性，室内人、设备、照明等的热负荷、湿负荷以及新风回风比等。

用空调能效比来衡量空调能效的高低。空调能效比是指在额定工况和规定条件下，空调制冷运行时实际制冷量与实际输入功率之比。制冷量是指空调制冷运行时，单位时间内从密闭空间、房间或区域内去除的热量总和。这是一个综合性指标，反映了单位输入功率在空调运行过程中转换成的制冷量。空调能效比越大，在制冷量相等时节省的电能越多。

夏季城市中大份额的空调负荷密集向外部环境排放废热，会使城市局部地区的微气象气温升高，恶化城市热岛效应。空调向室外排放的热量由两部分组成：一部分是空调本身消耗的电能，这部分电能最终转化为热能耗散；另一部分是空调按照能效比 k 从室内去除的热量。因此，空调总排热量为 $1+k$ 倍空调消耗的电量。某市居民空调和商用空调平均能效比为 2~4，则空调向外排放的总热量为 3~5 倍空调耗电量。

某市 2005 年夏季空调负荷用电总量实际为 $2.80 \times 10^9 kW \cdot h$。若每 $1kW \cdot h$ 的空调制冷能耗大致向室外排放 3~5$kW \cdot h$ 的热量，则整个夏季空调负荷向室外排放热量为 3×10^{13}~$5 \times 10^{13} kJ$。根据比热容的定义，用式(2-10)简单估算这些热量引起的气温上升，即

$$\Delta t = \frac{Q}{mc} \tag{2-10}$$

式中，Δt 为变化的温度；Q 为引起温度变化的热量；m 为空气的质量，$m = \rho V$，ρ 和 V 分别为干空气密度和干空气体积；c 为空气比热容。

在 30℃标准大气压下，干空气的密度 ρ 为 $1.165 kg/m^3$，比热容为 $1.013 kJ/(kg \cdot ℃)$。空气的体积用某市市区面积乘以空间高度，某市市区面积为 $1.37 km^2$，空间高度取天气现象和天气过程主要发生在对流层的高度，某市市区所在纬度一般对流层高度为 10~12km，此处取为 11km，则某市市区的空气质量大致为 $1.165 kg/m^3 \times 1.37 km^2 \times 11km = 17.557 \times 10^{10} kg$。

2005 年 7 月 3 日某市的平均气温为 30.425℃，该日的空调负荷用电量为 $5.094 \times 10^7 kW \cdot h$，约合 $1.85 \times 10^{11} kJ$，取空调向外排放的总热量为 4 倍空调耗电量，则当日空调负荷向外排放的总热量约为 $7.34 \times 10^{11} kJ$。根据式(2-10)，2005 年 7 月 3 日的空调用电量将引起温度升高 4.127℃。根据 3.5 节的研究内容，取城市热岛效应、累积效应和温湿效应共同影响空调能耗的 46.78%，则这三种效应的综合作用导致向大气中排放的热量约为 $3.43 \times 10^{11} kJ$。若用式(2-10)简单估算，则这部分热量将引起当日温度升高 1.929℃。

以上估算使用的是全天 24 小时的空调耗电量，虽然热量无法像计算中假设的完全不耗散出对流层，整个城市平均气温的上升可能没有计算值得到的显著，但是在空气流通较差、负荷密度较大、绿化程度欠缺的局部地区，受空调排放废热影响造成的气温上升幅度可能远大于计算值。

空调在自身工作过程中并没有向室外排放气体污染物，只是把废热排出室外。但是空调使用的电能在发电过程中会产生一定量的温室气体和气体污染物。某市 2005 年夏季电力空调用电量约为 $2.80\times10^9\text{kW}\cdot\text{h}$。按照中国火电厂的平均发电水平，每吨标准煤发电 $3000\text{kW}\cdot\text{h}$，排放 2620kg CO_2，$2.80\times10^9\text{kW}\cdot\text{h}$ 的空调用电量将产生 $2.45\times10^9\text{kg CO}_2$。1L 汽油约排放 2.25kg CO_2，按照一辆 1.6L 排量小轿车每年约排放 5000kg CO_2 计算，相当于大约 50 万辆小轿车一年的排放量。此外，每吨标准煤燃烧后还会产生 8.5kg SO_2，7.4kg NO_x。某市 2005 年夏季因为空调的使用约产生 $8\times10^6\text{kg SO}_2$ 和 $7\times10^6\text{kg NO}_x$。其中，有 40% 的排放是由城市热岛效应、电力空调负荷的温湿效应和累积效应共同作用引起的。此外，经过较长的一段时间，使用氟利昂作为制冷剂的空调存在泄漏氟利昂的可能，众所周知，氟利昂是破坏大气臭氧层的物质，它会在强烈紫外线的作用下分解，释放出的氯原子与臭氧发生连锁反应，不断破坏臭氧分子。臭氧层被大量损耗后，吸收紫外线辐射的能力大大减弱，导致到达地球表面的紫外线明显增加，给人类健康和生态环境带来多方面的危害。因此，电力空调在使用中会间接排放温室气体和气体污染物，加剧全球变暖趋势，并污染空气，破坏地球的生态环境。

2.2.7　城市微气象与电力空调负荷之间的恶性循环作用

城市微气象与电力空调负荷交互作用示意图如图 2-5 所示，在夏季，城市热岛效应、电力空调负荷的温湿效应和累积效应会导致电力空调负荷增加。空调具有以下特性：第一，在使用过程中排放大量废热；第二，增加 CO_2、SO_2、NO_x 的排放以及化石燃料等能源的消耗；第三，电力空调负荷多为尖峰负荷。因此，增加的电力空调负荷会导致尖峰负荷增加、大气污染物增加、废热增加以及能源消耗增加。尖峰负荷增加会导致电网脆弱性增大、大气污染物和能源消耗增加，从而导致更多的大气污染物，能源消耗和废热的增加又会使得全球温度上升。这些影响反过来又会加剧城市热岛效应、电力空调负荷的温湿效应和累积效应，形成恶性循环。

如果 2005 年 6 月 21 日至 8 月 23 日每日的气温可以降低 1℃，依然考虑城市热岛效应、电力空调负荷的温湿效应和累积效应的影响，那么可以得到这段时间的用电量由原来的 $2.82\times10^9\text{kW}\cdot\text{h}$ 降低为 $2.46\times10^9\text{kW}\cdot\text{h}$，降低了 $3.6\times10^8\text{kW}\cdot\text{h}$，降幅为 12.8%，减少排放 CO_2 约 $31.6\times10^7\text{kg}$，减少热量排放 $3.9\times10^{12}\sim6.5\times10^{12}\text{kJ}$。虽然该降幅会根据原始气温的不同而不同，但是说明了只要稍微改善城市微气象

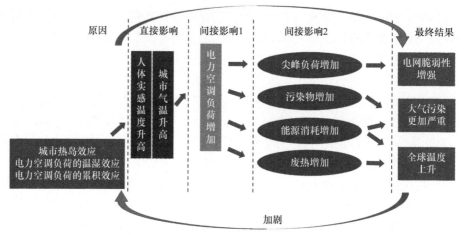

图 2-5 城市微气象与电力空调负荷交互作用示意图

就可以达到显著的节能减排效果。依然以 2005 年 7 月 3 日为例，当天原本的修正温度为 31.32℃，若 2005 年 6 月 21 日至 8 月 23 日每日的气温降低 1℃，则 2005 年 7 月 3 日当天的修正温度降为 28.72℃。修正温度降低的值大于 1℃，可见累积效应放大了城市微气象改善的效果。计算得到 2005 年 7 月 3 日的空调用电量将比原先减少约 $1.11416×10^7 kW·h$，按照空调向外排放的总热量为 4 倍空调耗电量计算，可减少空调废热排放量约 $1.6×10^{11} kJ$，降低城市气温约 0.9℃，进一步改善城市微气象。由此可见，改善城市微气象更深远的影响可以将城市微气象与电力空调负荷之间的恶性循环转变为良性循环，最终实现降低电力系统脆弱性、减少空气污染和缓减全球变暖趋势的目标。可以从两个方面降低城市气温：一是直接降低城市热岛强度；二是减少人为废热的排放。

2.3 基于大数据的分布式短期负荷预测方法

2.3.1 负荷预测方案

电力系统负荷预测，也常称为需求预测，是指预测某一特定地理区域在一段时间内所需电量的过程。由于电力供需平衡的瞬时性，以及目前的技术只允许储存少量的电能，负荷预测在整个系统中扮演了极其重要的角色[23-26]。因此，对电力供应商来说，负荷预测发挥着重要的作用，因为能源过剩或产能不足都将导致成本的增加以及效益的显著下降。电网负荷具有统计意义上的周期性、相似性的特点。基于程序设计处理大数据"分而治之"的思想，本小节提出了基于大数据的分布式短期负荷预测方法，其具体步骤如下：

(1) 结合行政区域的划分和气候区域的分布，根据所输入的数据集，将大电网划分为多个子网。每个子网的大小可以通过调整参数自行设定，并对各个子网可获取的海量数据进行挖掘分析，提取各时刻相似度较高的影响因素序列作为子网负荷预测模型的输入量。

(2) 分别对各个子网逐点建立子网负荷预测模型进行预测。根据负荷特性的不同，可选取广泛应用的灰色系统、小波分析、支持向量机、神经网络等方法建立和形成完备的负荷预测模型库，实现负荷预测模型的可选择性。

(3) 建立全网负荷预测模型，基于子网的预测结果和各时刻比例系数的预测值，综合形成大电网的负荷预测值。

在负荷预测方法方面，不仅可以考虑全局以及不同区域内的影响因素，包括气象、气候、电价、波动性能源出力、负荷构成、用户生产方式等，而且可以避免基于数学优化模型和调度人员的定性经验知识的负荷预测方法对海量数据挖掘分析的局限性。单一负荷预测模型一般难以满足精度要求；组合负荷预测模型虽然可以提高负荷预测精度，但是会降低计算速度，增大建模和实际应用的困难。基于大数据选择适当的负荷预测模型，可以提高预测模型的适用性；也可以根据大电网各时段负荷预测精度调整子网负荷预测模型的参数。

在方法实现方面，基于大数据的分布式短期负荷预测方法具有结构扁平化、分散聚合的特点。可通过预处理、分布缓存和复用中间结果等方法使数据处理本地化，减少节点间的数据传输开销。

在任务的执行流程方面，基于大数据的分布式短期负荷预测方法可将大规模的计算任务进行划分，然后将多个子任务指派到多台工作机器上并行执行，从而实现了计算任务的并行化，进而可以进行大规模数据的处理。但是，基于大数据的分布式短期负荷预测方法必须能够获取足够多的数据与合理的子网划分，否则样本数据过少和子网负荷变化的不规律性会大大降低大电网负荷预测的效率和精度。因此，基于大数据的分布式短期负荷预测方法综合了大数据和人工智能方法的优势，可有效提高负荷预测精度。

2.3.2 子网划分方法

合理的子网划分是基于大数据的分布式短期负荷预测方法提高负荷预测精度的主要途径之一。由于城市总体规划建设以及各类型用户对供电可靠性要求的不同，工业负荷、居民负荷、商业负荷、农业负荷具有一定程度的聚集性。同时，部分地区由于资源的优势，存在较多小水电厂、小火电厂等非统调电厂，或者渗透率较高的分布式电源(如风力发电、太阳能光伏发电、冷热电联供系统等)。这些电源因资源、技术等因素的局限性，不能实现稳定出力或者平稳负荷变化，反而其间歇性、随机性等特点造成该地区的网供负荷规律性差，难以实现精确预测。根据以上地理和气象特征的分布，对负荷预测区域进行划分，可提高负荷变化规律的一致性。但过小的预测区域,小规模用电的非规律性、时变性和突变性,有可能造成预测误差的增大;而过大的预测区域,不能充分考虑城市微气象、突发活动等局部因素对负荷的影响,同样造成负荷预测精度下降。因此,有必要研究基于大数据的子网划分方法,合理确定控制子网规模。

综上所述,本小节综合考虑行政区域划分、气象区域分布以及负荷构成等因素,提出基于大数据的子网划分方法,以改善子网负荷预测的效果,同时可极大地减少负荷预测工作中的计算量。基于大数据的子网划分方法的具体步骤如下所示。

1) 子网预划分

按照行政区域的划分和气象特征的分布,自下而上,以 220kV 节点为基本单元,对预测区域进行预划分,并辨识气象观测站的实时数据、预测数据与各个子网的对应关系。电力空调负荷具有较强的区域特征,在子网划分过程中尽可能多地将冲击性的负荷、变化较为频繁的工业负荷按地理位置就近划分在同一个预测区域内,通过规模效应提高负荷变化的规律性。在对大电网进行预划分的过程中,应遵循如下原则:

(1) 不同区域之间应有尽可能少的联络线;

(2) 相邻区域间各传输线上的潮流方向应该一致;

(3) 同一区域内的母线之间具有高度的电气联系(强耦合),不同区域的母线之间的电气联系则比较弱(弱耦合)。

2) 定义子网负荷曲线相似度

对各个子网建立 T 点负荷序列并进行归一化,即

$$L = \sum_{i=1}^{n}\sum_{j=1}^{m} l^{j}(i) = \sum_{i=1}^{n}\begin{bmatrix} l_1^1(i) & l_2^1(i) & \cdots & l_T^1(i) \\ l_1^2(i) & l_2^2(i) & \cdots & l_T^2(i) \\ \vdots & \vdots & & \vdots \\ l_1^m(i) & l_2^m(i) & \cdots & l_T^m(i) \end{bmatrix} \tag{2-11}$$

式中,$l_t(i) = l_t'(i)/l_{avg}'(i)$,$l_t'(i)$ 和 $l_t(i)$ 分别表示归一化前后子网 i 在时刻 t 的负荷值,若 15min 采样一次,则 $T=96$;n 为子网个数;m 为所能获取的历史日个数。

采用 S 定义两个子网 i、j 负荷曲线的相似度,即

$$S\big(l(i), l(j)\big) = \frac{1}{1 + \sqrt{\sum_{t=1}^{T}\big[l_t(i) - l_t(j)\big]^2}} \tag{2-12}$$

3) 子网归并

根据节点之间是否连通(由线路直接相连,或者电力同引自一个 500kV 母线),以及负荷曲线的相似性,实现多个预测区域的归并,以提高负荷变化的规律性,方便采用合适的预测模型处理相同因素的影响。

若两个地区的负荷波动相似，则说明这两个地区的负荷受相关因素的影响规律一致。通过合并负荷具有相似变化规律的子网，可大幅度降低计算量，提高负荷变化的规律性。本小节认为：负荷曲线相似，表明负荷构成、受外部因素影响的规律相似。仅一日或几日负荷曲线相似度较高不足以说明子网负荷构成相似。为避免偶然性因素的影响，定义：若两个子网负荷曲线相似的频率较高，则这两个子网相似，可归并为一个新的子网。应根据待预测电网的规模控制每个子网中220kV 节点个数，避免某一子网规模过大，气象因素对电网负荷的影响不具体。

$$f = \frac{m_{S>\varepsilon}}{m} \times 100\% \tag{2-13}$$

式中，f 为任意两个子网具备较高相似度的频率；$m_{S>\varepsilon}$ 为子网负荷曲线相似度大于 ε 的历史日个数；m 为所能获取的历史日个数。

通过相似度评价方法实现子网的分类与归并，避免预测区域过小或过大、气象因素对负荷的影响不具体、子网内电力空调负荷变化规律存在较大差异而导致预测误差的增长。

2.3.3　子网负荷预测模型

众多研究表明，气象因素是影响短期负荷的主导因素；而在诸多气象因素中，气温对各区域电力空调负荷的影响最为显著和最具规律性。另外，由于城市热岛效应、电力空调负荷的温湿效应和累积效应之间存在交互影响，尤其是对于一个覆盖较大地理区域的大电网，夏季的电力空调负荷特性变得更为复杂[27-30]。因此，夏季负荷对气象因素更加敏感，变化规律更复杂，难以保证预测准确率。本小节基于可获取的数据集，采用美国国家气象局推荐使用的公式，细化分析城市微气象的影响，综合考虑温度、相对湿度的影响，将温湿指数作为夏季负荷预测模型的输入量，以提高负荷预测精度。其计算公式为

$$\mathrm{THI} = T + \frac{1450.8(T+235)}{4030-(T+235)\ln \mathrm{RH}} - 43.4 \tag{2-14}$$

式中，T 和 RH 分别为温度(℃)和相对湿度(%)。

基于各个子网的 THI，同时考虑电价、日类型等因素，并进行归一化处理，建立影响因素序列 X。通过改变 X 的维数 p 实现影响因素的动态增加或删除。

$$X = \sum_{i=1}^{n} X_i = \sum_{i=1}^{n} \left\{ x_{i,1}, x_{i,2}, \cdots, x_{i,p} \right\} \tag{2-15}$$

$$x_{i,p} = \frac{x'_{i,p} - x'_{i,\mathrm{pavg}}}{\frac{1}{n}\sqrt{\sum_{i=1}^{n}(x'_{i,p} - x'_{i,\mathrm{pavg}})^2}} \tag{2-16}$$

式中，$x'_{i,p}$ 和 $x_{i,p}$ 分别为归一化前后的影响因素分量；$x'_{i,\text{pavg}}$ 为 $x'_{i,p}$ 的平均值；n 为历史日的个数；X 为一天各时刻归一化后的影响因素序列；p 为影响因素的个数。

本小节采用余弦距离衡量某时刻影响因素序列的相似度，并将 $\text{div}(|X_{\text{pre}}|,|X_i|)$ 定义为待预测日影响因素序列的模值除以第 i 个历史日影响因素序列的模值，取值区间控制在[0.7, 1.2]。其意义在于，选取与待预测日的影响因素序列具备较高相似度的历史时刻，即避免夹角很小而模长相差很大的情况。此方法有利于从海量数据集中选取与待预测日的影响因素序列具备较高相似度的历史时刻作为子网负荷预测模型的输入量，在保持预测精度的同时，极大地减少了计算负担和通信开销。

$$d = \frac{\alpha_1^2 x_{\text{pre},1} x_{i,1} + \cdots + \alpha_p^2 x_{\text{pre},p} x_{i,p}}{\sqrt{\alpha_1^2 x_{\text{pre},1}^2 + \cdots + \alpha_p^2 x_{\text{pre},p}^2}\sqrt{\alpha_1^2 x_{i,1}^2 + \cdots + \alpha_p^2 x_{i,p}^2}}$$

$$\text{div}(|X_{\text{pre}}|,|X_i|) = \frac{\sqrt{\alpha_1^2 x_{\text{pre},1}^2 + \cdots + \alpha_p^2 x_{\text{pre},p}^2}}{\sqrt{\alpha_1^2 x_{i,1}^2 + \cdots + \alpha_p^2 x_{i,p}^2}}$$

(2-17)

式中，d 为 X_{pre} 和 X_i 的余弦距离，可处理分量为 0 的因素；附加权重 α 考虑各因素对负荷特性影响程度的不同，如温度超过或降低至一定值或有暴雨来临时，附加较大权重；$\{x_{\text{pre},1},\cdots,x_{\text{pre},p}\}$ 为待预测日 X_{pre} 归一化后的影响因素序列。

图 2-6 为子网负荷预测流程图。首先，设置一定的阈值，选择相似度较高的影响因素向量以及相应时刻的负荷作为子网预测模型的输入量，逐点进行预测。根据各个子网的负荷特性以及影响因素的不同，分别选用合适的负荷预测模型对各个子网进行逐点负荷预测。

短期负荷预测的准确性在很大程度上依赖典型性好和精度高的样本数据。特别是对于 BP 神经网络负荷预测模型，从海量数据中选择恰当、合理的样本输入可使其快速有效地逼近目标矢量，达到网络误差要求，并具有良好的泛化能力。针对各个子网负荷受多种气象因素影响程度的不同，引入温湿指数作为子网负荷预测模型的一个输入量，综合考虑温度、相对湿度对电网负荷的影响，并可在 BP 神经网络负荷预测模型的输入单元中同时考虑其他因素对电网负荷的影响。该方法不仅全面考虑了各种负荷影响因素序列，而且可避免输入变量过多导致神经网络拓扑结构复杂、训练时间长、收敛性差等不足。因此，该方法可综合利用大数据的优势和人工智能方法的优越性，避免实际负荷预测工作中数据量过大而信息不全面的局限性。

2.3.4　全网负荷预测模型

在不考虑损耗的情况下，全局负荷应等于所有子网负荷之和，但在实际中，全局负荷高于所有子网负荷之和。各个时刻高出的程度不同，但保持相对稳定，由厂用电、网损、负荷同时率等因素决定。

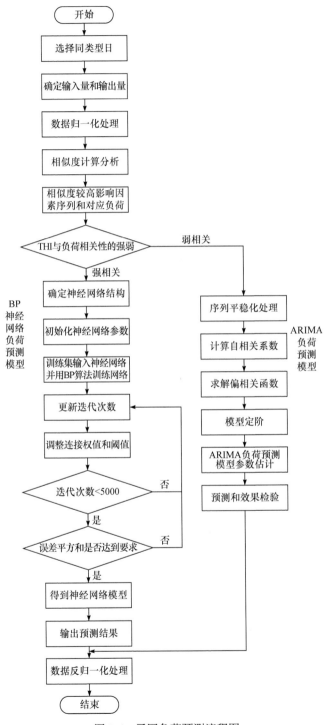

图 2-6 子网负荷预测流程图

$$L_t = w_t \sum_{i=1}^{n} l_t(i) \tag{2-18}$$

$$w_t = 1 + k_t \tag{2-19}$$

式(2-18)的含义是全局电网各个时刻的负荷是相应时刻所有子网负荷之和乘以相应时刻的比例系数。其中，L_t 为 t 时刻的全局电网负荷；n 为子网个数；$l_t(i)$ 为 t 时刻子网 i 的负荷；w_t 为 t 时刻全局电网的负荷与相应时刻 n 个子网负荷之和的比例系数；k_t 为全局负荷高出各子网负荷之和的程度，波动范围较小。

$$L_{\mathrm{pre},t} = w_{\mathrm{pre},t} \sum_{i=1}^{n} l_{\mathrm{pre},t}(i) \tag{2-20}$$

式中，$L_{\mathrm{pre},t}$ 为待预测日 t 时刻的全局电网负荷；$l_{\mathrm{pre},t}(i)$ 为待预测日 t 时刻子网 i 的负荷；$w_{\mathrm{pre},t}$ 为待预测日 t 时刻的全局电网负荷与相应时刻 n 个子网负荷之和的比例系数预测值，避免因 $w_{\mathrm{pre},t}$ 的微小误差造成全局负荷预测值的较大波动。

$$w_{\mathrm{pre},t} = 1 + k_{\mathrm{pre},t} \tag{2-21}$$

$$k_{\mathrm{pre},t} = \frac{\displaystyle\sum_{j=1}^{m} k_{\mathrm{avg},t} \cdot \frac{k_{j-1,t}}{k_{j,t}} \cdot \beta^j}{\displaystyle\sum_{j=2}^{m} \beta^j} \tag{2-22}$$

$$k_{\mathrm{avg},t} = \frac{1}{m} \sum_{j=1}^{m} k_{j,t} \tag{2-23}$$

式中，$w_{\mathrm{pre},t}$ 为待预测日 t 时刻比例系数的预测值；β 为各时刻比例系数的平滑系数，取值区间为[0，1]；β^j 为历史比例系数的权重呈指数衰减，防止大幅度修正导致较大误差；$k_{\mathrm{pre},t}$ 为待预测日 t 时刻高出程度的预测值。

2.4 基于机器学习的短期用电预测方法

2.4.1 短期用电预测方案

负荷、电量等用电时序数据的短期预测在电力系统的规划、调度、营销等业务领域应用广泛，是配网精益化管理的基础支撑能力。电力系统的海量数据化、采样高频化、设备多样化使传统的负荷预测方法难以应对更大的数据量和更强的随机性，基于机器学习的短期用电预测方法具有收敛速度快、预测精度高等特点，已成为支撑电力系统调度决策的重要手段[31,32]，其具体步骤如下：

(1) 根据波形特征将用电曲线集合划分为多个子集。

(2) 定量分析每个子集中用电曲线与气象、日历周期等外部因素的相关性。

(3) 根据聚类分析和相关性分析结果，采用机器学习方法构建短期用电预测模型。

2.4.2 基于形状相似性的用电曲线聚类

常见的用电曲线聚类法包括层次聚类、模糊 C 均值聚类、自组织映射神经网络、谱聚类等，这些算法多以欧氏距离等传统距离计算公式来度量曲线之间的相似度。在实际中，受到气象等外部因素的影响，具有相似形态特征的用电曲线的变化过程可能不同步，导致前述聚类法失效。本小节提出基于 K-Shape 的用电曲线聚类法，该算法将具有相似形态特征但存在变化时差的用电曲线平移对齐，从而提升聚类分析的效果。

1. 时间序列形态相似性度量

采用形态距离(shape-based distance，SBD)来度量时间序列相似度，SBD 是互相关的归一化形式。已知两个时间序列 $X = [x_1, x_2, \cdots, x_m]$ 和 $Y = [y_1, y_2, \cdots, y_m]$，通过将 X 向左或向右适度平移并与 Y 全局对齐来比较两者的形状特征，在此过程中计算每次平移后两个序列的互相关性，计算相关性取值最大时 X 与 Y 的 SBD。其具体步骤如下：

首先，如式(2-24)所示，将时间序列 $X = [x_1, x_2, \cdots, x_m]$ 向左或向右移动 $|s|$ 个单位得到 $X_{(s)}$。其中，若 $s \geqslant 0$，则将 X 中的元素向右移动 s 个单位且用 0 填充空位；若 $s < 0$，则将 X 中的元素向左移动 s 个单位且用 0 填充空位。

$$X_{(s)} = \begin{cases} \left[\overbrace{0, \cdots, 0}^{|s|}, x_1, x_2, \cdots, x_{m-s} \right], & s \geqslant 0 \\ \left[x_{1-s}, \cdots, x_{m-1}, x_m, \underbrace{0, \cdots, 0}_{|s|} \right], & s < 0 \end{cases} \tag{2-24}$$

接着，如式(2-25)和式(2-26)所示，计算 $\mathrm{CC}_1(X, Y), \mathrm{CC}_2(X, Y), \cdots, \mathrm{CC}_{2m-1}(X, Y)$ 并执行归一化操作。其中，$\mathrm{CC}_{\omega}(X, Y)$ 是 $X_{(\omega-s)}$ 与 Y 的相关系数，$\mathrm{NCC}_{\omega}(X, Y)$ 的值域为 $[-1, 1]$。在此过程中，记录相关系数取到最大值时 X 的位移量。

$$\mathrm{CC}_{\omega}(X, Y) = R_{\omega-m}(X, Y), \quad \omega \in \{1, 2, \cdots, 2m-1\}$$

$$R_k(X, Y) = \begin{cases} \sum_{\ell=1}^{m-k} x_{\ell} + k \cdot y_{\ell}, & k \geqslant 0 \\ R_{-k}(Y, X), & k < 0 \end{cases} \tag{2-25}$$

$$\text{NCC}_{\omega}(X,Y) = \frac{\text{CC}_{\omega}(X,Y)}{\sqrt{R(X,X)R(Y,Y)}} \tag{2-26}$$

最后，如式(2-27)所示，计算 X 和 Y 的形状相似性距离 D^{SBD} 并对其进行标幺化。

$$D^{\text{SBD}}(X,Y) = 1 - \max_{\omega} \frac{\text{CC}_{\omega}(X,Y)}{\sqrt{R_0(X,X) \cdot R_0(Y,Y)}} \tag{2-27}$$

式中，D^{SBD} 的值域为[0,2]。

2. 时间序列聚类中心计算

首先，聚类中心计算是一个斯坦纳树优化问题，目标是寻找与每类时间序列距离最小的序列，如下所示：

$$c_k^* = \arg\min_{c_k} \sum_{u_i \in P_k} D^{\text{SBD}}(c_k, u_i)^2 \tag{2-28}$$

式中，P_k 为第 k 类聚类数据集合；c_k 为提取的聚类中心。

接着，基于时间序列形态相似性度量寻找给定的用电矩阵 U 的类簇中心，步骤如下。

步骤1：指定聚类数量 K，初始化聚类中心 $c_1, c_2, \cdots, c_K$ 为零向量。

步骤2：根据式(2-27)计算负荷曲线集合中每个元素 u_i 到各聚类中心的距离 D^{SBD}，并将 u_i 归入与其距离最近的分类中。

步骤3：根据式(2-28)更新每个分类的聚类中心。

步骤4：重复执行步骤2和步骤3，直至达到最大迭代次数或者所有聚类中心不再更新。

2.4.3 基于相关性分析的用电曲线关键影响因素分析

随着电网日趋复杂，用电影响因素增多，通过相关性分析方法剔除无关因素和冗余因素，有助于提高基于机器学习的用电预测建模效率。在常用的相关性分析方法中，皮尔逊系数、最小二乘回归等难以刻画因素之间的非线性关系；虽然信息增益、互信息、堆成不确定性等能够同时度量因素之间的线性、非线性等函数依赖关系，但是难以度量非函数依赖关系。本小节提出使用最大信息系数来度量电量及潜在影响因素之间的相关性，该方法能够度量时间序列间的函数依赖关系和非函数依赖关系，有效筛选用电的关键影响因素。

本小节基于互信息和网格划分方法计算最大信息系数。如式(2-29)所示，已知集合 $A = \{a_1, a_2, \cdots, a_n\}$ 和 $B = \{b_1, b_2, \cdots, b_n\}$，$A$ 与 B 的互信息为 $\text{MI}(A,B)$，$p(a_i, b_i)$

是 (A,B) 取值 (a_i,b_i) 时的联合概率密度，$p(a_i)$ 和 $p(b_i)$ 分别为 A 和 B 取值 a_i 和 b_i 时的边缘概率密度。

$$\text{MI}(A,B) = \sum_{a_i \in A} \sum_{b_i \in B} p(a_i,b_i) \log \frac{p(a_i,b_i)}{p(a_i)p(b_i)} \tag{2-29}$$

已知时间序列 $X = \{x_1,x_2,\cdots,x_m\}$ 和 $Y = \{y_1,y_2,\cdots,y_m\}$，本小节计算 X 和 Y 的互信息 $M(X,Y)$ 的步骤如下。

步骤 1：分别将 X 和 Y 的值域划分为 a 和 b 个区间，构建定义在 X 和 Y 值域二维空间 D 上的网格空间 G，G 的大小为 $a \cdot b$。

步骤 2：根据式(2-29)计算互信息 $\text{MI}(D|G)$，其中概率密度 $p(a_i)$、$p(b_i)$、$p(a_i,b_i)$ 分别是 x_i、y_i 和 (x_i,y_i) 在 G 的对应网格中出现的频率。

步骤 3：根据式(2-30)计算 $\text{MI}(D,a,b)$，值为定义在 D 上所有大小为 $a \cdot b$ 划分的互信息的最大值。

$$\text{MI}(D,a,b) = \max\{\text{MI}(D|G)\} \tag{2-30}$$

步骤 4：根据式(2-31)计算 $\text{MI}(D,a,b)$ 的特征矩阵 $M(D)_{a,b}$，即

$$M(D)_{a,b} = \frac{\text{MI}(D,a,b)}{\log\min\{a,b\}} \tag{2-31}$$

步骤 5：根据式(2-32)计算最大信息系数 $\text{MIC}(D)$。

$$\text{MIC}(D) = \max_{ab < B(n)} M(D)_{a,b} \tag{2-32}$$

式中，$B(n)$ 为网格划分 $a \cdot b$ 的上限值，一般地，$\omega(1) \leqslant B(n) \leqslant O(n^{1-\varepsilon}), 0 < \varepsilon < 1$。

对于用电量和任意因素，两者的 MIC 越大，相关性越强，该因素为潜在关键因素；若两者的 MIC 为 0，则该因素与用电量不相关。对于任意两个因素，两者的 MIC 越大，相关性越强，两者互为冗余因素；若两者的 MIC 为 0，则相互独立。表 2-6 展示了某沿海城市某地区用电量与气象和节假日等因素的最大信息系数相关性分析效果。结果表明，影响该地区用电量的因素排名为：温度、压强、节假日、湿度、风速、降雨量。

表 2-6　最大信息系数相关性分析效果

参数	温度	降雨量	风速	压强	湿度	节假日
最大信息系数	0.2989	0.1144	0.1276	0.16251	0.13964	0.14523
重要程度占比/%	30	12	13	16	14	15

2.4.4　基于机器学习的短期用电预测模型

1. 栈式自动编码器

栈式自动编码器是一种对称的多层前馈神经网络，由输入层、隐藏层和输出

层神经元组成。与传统神经网络不同的是，自动编码器加入了编码和解码的概念。其中，输入层和隐藏层构成编码部分，隐藏层和输出层构成解码部分；编码器用于将未标记的输入数据映射到隐藏层得到有意义的特征表示，解码是编码的逆过程，将特征重构为近似于原始数据的数据作为输出。自动编码器经常用于原始数据的无监督特征学习或数据压缩，对隐藏层的数据维度进行约简，由输出层重建原始数据输出。

自动编码器结构如图 2-7 所示，自动编码器通过最小化样本数据与其重建输出数据之间的误差来尝试学习一个让输入近似等于输出的映射函数，将误差反向传播回输入数据以对网络参数进行调整。给定输入时间序列 $X = \{x_1, x_2, \cdots, x_m\}$，其编码过程如式(2-33)和式(2-34)所示。

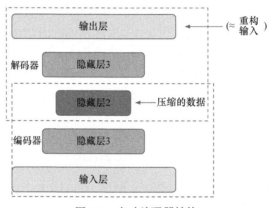

图 2-7　自动编码器结构

$$h = f(W^{(1)}x + b^{(1)}) \tag{2-33}$$

$$y = f(W^{(2)}h + b^{(2)}) \tag{2-34}$$

式中，h 为输入层数据经过编码器编码后的特征表示；y 为从解码器解码后重建原始数据的输出表示；$W^{(1)}$ 为输入层和隐藏层之间的权重矩阵；$W^{(2)}$ 为解码器解码后重建数据的输入层和隐藏层之间的权重矩阵；$b^{(1)}$ 和 $b^{(2)}$ 分别为输入层和输出层的偏置量；$f(\cdot)$ 为 ReLU 激活函数。

2. 基于注意力机制的门限递归单元用电预测模型

门限递归单元(gated recurrent unit，GRU)是长短期记忆(long-short term memory，LSTM)神经网络的简化算法，后者是递归神经网络(recurrent neural network，RNN)的变种。传统 RNN 存在梯度下降问题，当时间序列过长时，难以捕捉全局特征。针对上述问题，LSTM 神经网络在各层引入输入门、输出门、遗忘门等门控单元来传递历史信息，并在一定程度上解决了传统 RNN 的梯度下降问题。与 LSTM 神经网络相比，GRU 不仅继承了 LSTM 神经网络在避免梯度消失问题和传递历史信息方面的优势，并且具有更简单的单元结构和较低的计算成本。

GRU 主要由更新门 z_t 和重置门 g_t 组成。其中，更新门 z_t 控制更新隐藏状态 h_t，重置门 g_t 控制更新中间状态 $\tilde{h}_t$，h_t 是 t 时刻的隐藏状态。

图 2-8 展示了基于注意力机制的 GRU 用电预测模型网络结构，模型网络由编码器和解码器组成，编码器把栈式自动编码器压缩后的序列编码成一个固定长度的中间向量 $\overline{h}_s$；解码器首先基于上一步预测中的输出 y_{t-1} 与 $\overline{h}_s$ 计算注意力权重，接着解码得到 t 时刻的输出 y_t；重复编解码过程直至达到预测长度。一般地，编码器的长度为历史数据的长度，解码器的长度为预测时间的长度。

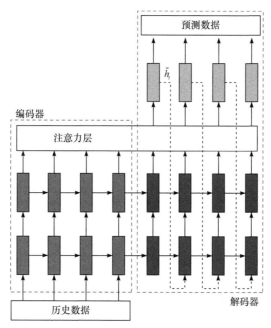

图 2-8　基于注意力机制的 GRU 用电预测模型网络结构

图 2-9 展示了注意力机制计算过程，各参数的状态更新见式(2-35)～式(2-38)。在预测时间步 t，首先根据当前目标状态 h_t 和所有编码器的输出向量 $\overline{h}_s$ 计算注意力权重向量 a_t、w_a，即计算出的权重矩阵；接着，计算编码器的输出向量 $\overline{h}_s$ 与注意力权重向量 a_t 的加权和 c_t；然后，将 c_t 与当前目标状态 h_t 通过激活函数 tanh 连接后输出预测值 $\tilde{h}_t$；最后，将 $\tilde{h}_t$ 与真实值 y_t 进行比较来计算误差，通过反向传播训练网络。

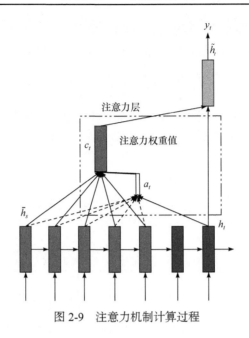

图 2-9 注意力机制计算过程

2.5　本　章　小　结

全球城市微气象加速恶化，掌握城市微气象与电力空调负荷之间的交互影响关系将有助于减少电力空调用电量、改善城市微气象，进而达到节能减排、改善城市宜居度的效果。本章首先通过一个案例来说明城市热岛效应、电力空调负荷的温湿效应和累积效应这三种效应综合作用对电力空调负荷在时间尺度和空间尺度具有时滞特征的正反馈交互影响过程，建立了城市微气象与电力空调负荷的交互影响模型。分别介绍了城市热岛效应、电力空调负荷的温湿效应和累积效应对电力空调负荷的影响机理。接着利用数学模型，从原理的角度分析了城市热岛效应、电力空调负荷的温湿效应和累积效应对电力空调负荷的影响及电力空调负荷对城市微气象的反作用。解释了城市微气象和电力空调负荷的恶性循环作用。然后分析了负荷预测对减少电网成本和增加效益的重要性，提出了基于大数据的分布式短期负荷预测方法。为改善子网负荷预测的效果和减少负荷预测工作中的计算量，综合考虑行政区域的划分、气象区域分布以及负荷构成等因素，提出了基于大数据的子网划分方法，利用考虑温度、相对湿度以及温湿指数对电网负荷的影响子网负荷预测模型，基于子网的预测结果和各时刻比例系数的预测值建立了全网负荷预测模型。其次，针对电力系统的海量数据化、采样高频化、设备多样化使传统的负荷预测方法难以应付更大的数据量和更强的随机性问题，提出了基于机器学习的短期用电预测方法。基于 K-Shape 的用电曲线聚类法，根据波形特征将用电曲线集合划分为多个子集。最后使用互信息和网格划分方法计算最大信息系数。最大信息系数用来度量电量及潜在影响因素之间的相关性，筛选用电关键影响因素，定量分析了每个子集中用电曲线与气象、日历周期等外部因素的相关性。根据聚类分析和相关性分析结果，采用机器学习方法构建了短期用电预测模型。

参 考 文 献

[1] 康重庆, 夏清, 张伯明, 等. 电力系统负荷预测研究综述与发展方向的探讨[J]. 电力系统自动化, 2004, 28(17): 1-11.

[2] 廖旎焕, 胡智宏, 马莹莹, 等. 电力系统短期负荷预测方法综述[J]. 电力系统保护与控制, 2011, 39(1): 147-152.

[3] 牛东晓, 王建军, 李莉, 等. 基于粗糙集和决策树的自适应神经网络短期负荷预测方法[J]. 电力自动化设备, 2009, 29(10): 30-34.

[4] 陈衡, 王科, 陈丽华. 基于滤波算法的节假日短期负荷预测研究[J]. 电气技术, 2014, (9): 12-15, 31.

[5] 张志丹, 黄小庆, 曹一家, 等. 电网友好型空调负荷的主动响应策略研究[J]. 中国电机工程学报, 2014, 34(25): 4207-4218.

[6] 牛东晓, 曹树华, 赵磊. 电力负荷预测技术[M]. 北京: 中国电力出版社, 1999.

[7] 刘晨晖. 电力系统负荷预报理论与方法[M]. 哈尔滨: 哈尔滨工业大学出版社, 1987.

[8] Moghram I, Rahman S. Analysis and evaluation of five short-term load forecasting techniques[J]. IEEE Transactions on Power Systems, 1989, 4(4): 1484-1491.

[9] Papalexopoulos A D, Hesterberg T C. A regression-based approach to short- term system load forecasting[J]. IEEE Transactions on Power Systems, 1990, 5(4): 1535-1547.

[10] Haida T, Muto S. Regression based peak load forecasting using a transformation technique[J]. IEEE Transactions on Power Systems, 1994, 9(1): 1788-1794.

[11] 王雪峰, 邬建华, 冯英浚, 等. 运用样本更新的实时神经网络进行短期电力负荷预测[J]. 系统工程理论与实践, 2003, 23(4): 95-99.

[12] 李庆祥, 黄嘉佑, 董文杰. 基于气温日较差的城市热岛强度指标初探[J]. 大气科学学报, 2009, 32(4): 530-535.

[13] Oke T R. The energetic basis of the urban heat island[J]. Quarterly Journal of the Royal Meteorological Society, 1982, 108(455): 1-24.

[14] 王腾蛟. 基于 Levenberg-Marquardt 算法图像拼接研究[D]. 长沙: 国防科学技术大学, 2009.

[15] Rosenfeld A H, Akbari H, Bretz S, et al. Mitigation of urban heat islands: Materials, utility programs, updates[J]. Energy and Buildings, 1995, 22(3): 255-265.

[16] Fan J Y, McDonald J D. A real-time implementation of short-term load forecasting for distribution power systems[J]. IEEE Transactions on Power Systems, 1994, 9(2): 988-994.

[17] 薛殿华. 空气调节[M]. 北京: 清华大学出版社, 1990.

[18] Yagtou C P. A method for improving the effective temperature index[J]. American Society of Heating and Ventilating Engineers, 1947, 53: 307-309.

[19] 杜彦巍, 林莉, 牟道槐, 等. 综合气象指数对电力负荷的影响分析[J]. 重庆大学学报(自然科学版), 2006, 29(12): 56-60.

[20] Burton A C, Snyder R A, Leach W G. Damp cold vs. dry cold; specific effects of humidity on heat exchange of unclothed man[J]. Journal of Applied Physiology, 1955, 8(3): 269-278.

[21] Rothfusz L P, Headquarters N S R. The Heat Index 'Equation' (or, More Than You Ever Wanted to Know About Heat Index)[R]. Fort Worth: National Oceanic and Atmospheric Administration, 1990.

[22] Chu W C, Chen Y P, Xu Z W, et al. Multiregion short-term load forecasting in consideration of HI and load/weather diversity[J]. IEEE Transactions on Industry Applications, 2011, 47(1): 232-237.

[23] Taylor J W, Buizza R. Neural network load forecasting with weather ensemble predictions[J]. IEEE Transactions on Power Systems, 2002, 17(3): 626-632.

[24] 黎灿兵, 尚金成, 朱守真, 等. 气温影响空调负荷的累积效应导致能耗的分析[J]. 电力系统自动化, 2010, 34(20): 30-33.

[25] 刘旭, 罗滇生, 姚建刚, 等. 基于负荷分解和实时气象因素的短期负荷预测[J]. 电网技术, 2009, 33(12): 94-100.

[26] 崔和瑞, 彭旭. 基于 ARIMAX 模型的夏季短期电力负荷预测[J]. 电力系统保护与控制, 2015, 43(4): 108-114.

[27] 刘丹. 基于粗神经网络的电力系统短期负荷预测研究[D]. 南京: 南京邮电大学, 2017.

[28] 刘文博. 基于神经网络的短期负荷预测方法研究[D]. 杭州: 浙江大学, 2017.

[29] Wang B Z, Mazhari M, Chung C Y. A novel hybrid method for short-term probabilistic load forecasting in distribution networks[J]. IEEE Transactions on Smart Grid, 2022, 13(5): 3650-3661.

[30] Lu Y T, Wang G C, Huang S Q. A short-term load forecasting model based on mixup and transfer learning[J]. Electric Power Systems Research, 2022, 207: 107837.

[31] Fan G F, Zhang L Z, Yu M, et al. Applications of random forest in multivariable response surface for short-term load forecasting[J]. International Journal of Electrical Power & Energy Systems, 2022, 139: 108073.

[32] Faustine A, Pereira L. FPSeq2Q: Fully parameterized sequence to quantile regression for net-load forecasting with uncertainty estimates[J]. IEEE Transactions on Smart Grid, 2022, 13(3): 2440-2451.

第3章 基于不确定性理论分析的电力设备故障概率预测

3.1 概　　述

健康的电力设备是电力系统安全可靠运行的基础，因而在电力系统运行过程中有必要对各类设备进行故障预测，以降低这些设备发生故障的概率。随着大数据技术和人工智能的发展与成熟，未来电力系统将逐步开展电力设备故障和缺陷概率预测，及时安排对故障和缺陷概率较高的设备进行检修、替换。

因此，需要综合考虑设备的负载、同类设备发生故障的历史记录以及微气象等因素，提出对输电线路、油浸式变压器等电网设备的故障概率预测方法；设计基于人工智能的配电网设备负载预测预警系统，根据负载预测结果预警配电变压器、线路的重过载状态；考虑设备微气象、累积效应等因素，分别建立输电线路和变压器的故障概率预测模型。

3.2 电网设备故障概率预测

在对电网设备进行检修前，预测其故障概率有利于有针对性和目的性地安排检修，保证设备在健康状态下运行。实际上，上年的状态检修将直接影响当年的设备故障发生情况。

输变电设备故障率可看作一组按照时间推移形成的随机序列，具有一定的随机性，又有其自身的变化规律。大部分电气设备故障率随时间变化的曲线为经典的"浴盆曲线"，大致分为早期故障期、偶然故障期以及耗损故障期[1-4]。早期故障常常由设计、制造或者装配等问题引起。鉴于早期故障的特点，本章的故障概率预测研究选取早期故障期后的设备故障，即处于偶然故障期和耗损故障期的设备故障。

本章主要考虑一般情况下引起设备发生故障的因素，并针对迎峰度夏期间负荷的特点，综合考虑设备的负载、同类设备发生故障的历史记录以及微气象等因素，实现电网设备故障概率预测，设备状态、运行环境、气象因素、人为因素等均会影响设备的故障率[5-8]。

3.2.1 设备状态检测

电网状态检修必须以设备状态检测为前提。因为设备的劣化常常表现为渐变的过程，所以通常情况下大量故障将会在不同时刻产生。监测设备运行状态的有关参数，若发现设备有异常且有持续恶化趋势，则认定该设备可能发生了故障，并且故障发生的可能性会随设备恶化程度持续增大。

电网设备状态评价决定设备是否需要进行维修和具体进行哪种维修。在计划检修时，一般使用平均故障发生的概率来表示电网所有相同类型设备发生故障的概率，这种计算方式使设备检修时机和设备性能无法进行准确关联。结合设备状态评估研究[9,10]，基于电网设备在线监测和监测结果得到电网设备发生故障的概率和电网设备状态的联系，即

$$P = R \cdot e^{CK_1} \tag{3-1}$$

式中，R 为比例系数；C 为曲率系数；K_1 为电网输变电设备的状态评价分值；P 为电网设备发生故障的概率。

由电网设备历史发生故障的概率，可以得到研究时间内，电网输变电设备上一次进行检修到研究时间 t 时刻这段时间内发生故障的累积概率，可以描述为

$$P_c(t) = \int_{t_0 - \Delta t}^{t_0} P(\tau) d\tau + \int_{t_0 - \Delta t}^{t + t_0} P(\tau) d\tau \tag{3-2}$$

式中，t_0 为电网设备当前的等效役龄；Δt 为上次检修电网设备至今的运行时间。

3.2.2 运行环境

电力设备受运行环境的影响很大，例如，极大程度的输电线路破坏包括导线被冰层覆盖、绝缘子串风偏以及绝缘子污闪等情况，大多数是由恶劣天气所致；一般情况下，含油户外设备对温度变化敏感，例如，若温度过高，则户外变压器可能发生停运故障，若温度过低，则 SF6 断路器或油断路器将会发生故障。

3.2.3 气象因素

根据我国 35～500kV 线路的历史数据，雷击、风偏、覆冰舞动和污闪是引起跳闸故障的常见因素。在这些因素中，有的需要多种气象条件组合才能诱发，例如，覆冰舞动需要低温、冻雨和风，污闪需要污秽加毛毛雨或者大雾，而雷击和风偏仅需要一种气象条件即可引发故障。

1. 雷击

输电线路发生雷击闪络事故与诸多因素有关，当线路附近发生雷暴天气时，1000kV 特高压交流线路的雷击跳闸概率可按式(3-3)进行计算，即

$$\begin{cases} P(u_1) = P_L \eta (gP_1 + P_{sf}) \\ \eta = (4.5E^{0.75} - 14) \times 10^{-2} \end{cases} \tag{3-3}$$

式中，$P(u_1)$ 为线路雷击跳闸的概率；P_L 为线路落雷概率；η 为建弧率；P_1 为超过雷击杆塔顶部时耐雷水平 I_1 的雷电流概率，可表示为 $P(I_0 \geqslant I_1)$；E 为绝缘子串平均运行电压梯度值(有效值)，kV/m；P_{sf} 为线路的绕击闪络概率。

2. 风偏

线路在正常运行状态下若遇大风，则会导致绝缘子与导线发生偏转，可根据相关公式进行计算，而对于风速的统计描述有多种分布函数，其中应用最为广泛的是 Weibull 双参数分布，根据风速大小即可计算出绝缘子串和导线的风偏角。

根据塔形的不同，如酒杯塔、猫头塔和多回同塔等，通过三角运算即可得到导线对杆塔的最小间隙尺寸 l。由于线路运行电压一定，某一 l 出现时放电概率为 $P(l)$，而 l 的概率密度函数为 $F(l)$，此时单相导线的故障概率为

$$P(u_2) = \int_{-\infty}^{+\infty} P(l) f(l) \mathrm{d}l \tag{3-4}$$

3. 覆冰舞动

输电线路舞动出现在冻雨、低温大风的综合天气条件下，会给输电线路造成电气和机械方面的损害。统计观测表明，当导线发生覆冰舞动时，其运动轨迹在垂直于导线截面内呈椭圆形。输电线路的舞动情况受风速、冰厚和地形的共同影响，且三个影响因素相互独立。

4. 污闪

绝缘子表面的污秽情况受其运行时间、运行环境及雨水冲刷状况等多种因素的综合影响。从长期来看，绝缘子的污秽程度是一个随机概率值，不存在累积效应。在工作电压下，绝缘子是否发生污闪取决于两个因素：绝缘子积污状态及能使污秽充分受潮的气象条件。本节认为灰密 ρ_n 和盐密 ρ_e 由不同的污染源造成，两者相互独立。

目前，随着气象预报技术的高速发展，在气象卫星技术、超级计算机技术和综合预报技术的支持下，我国短期气象预报的准确度已达到较高水平。我国 24h 内晴雨预报的准确率多年统计平均达 90%左右，其他(如寒潮、暴雨等)灾害性气象预报 48h 内的准确率也能达到 80%～90%。由此可见，利用气象预报的数据结合历史统计故障相关数据，计算未来数天内各种气象条件下线路出现故障的概率已具备较高的可行性。

3.2.4 人为因素

在电力设备的状态检修工作实施过程中，检修工作人员需具备一定水平的分析、判断数据的能力。检修工作人员的技术水准往往对电力设备状态检修工作的开展程度起着决定性作用，能够间接决定检修后的设备是否能够正常运行以及运行时间。一些电网检修工作人员还没有具备较高水准的技术水平，将影响检修后设备故障率的准确预测，因此在故障概率预测中应考虑常规状态检修工作带来的故障率的延续性。

上述对设备故障概率预测的影响因素分析相对独立，而考虑到常规设备寿命现状，事实上设备生命周期中故障的预测准确度大小由多种影响因素的累积效应决定。因此，在时间纵向尺度上，增加考虑同类设备历史记录；在气象原因综合作用方面，针对夏季特点，考虑设备所处的微气象特征。

1. 同类设备历史记录

分析判断在线监测的数据，需要对检查的设备进行定期巡视和检修，记录并分析历次试验数据；准确管理历史试验记录，将电气设备各参数、出厂值、交接值与历次试验值和标准值进行比较。结合实际运行情况、电网发生的故障、内外过电压等进行综合判断分析，比较分析各电气设备运行状态的变化趋势，在分析其运行状态时，使用专家系统的知识库，以便得到电气设备的最新状态信息。同时，专家系统中的知识库需要大量的历史数据对其进行训练，使其知识库越来越丰富，能够对绝大多数电力设备问题进行分析和判断。在此基础上研究设备故障概率预测。

2. 微气象

微气象是指近地面大气层和上层土壤之间的、小范围内(一般具有若干千米的空间尺度)、不同于周边区域的气候。由前面可知，输电线路故障概率多与一些气象因素有关，同时微气象是影响电网中其他设备运行状态的重要因素之一，例如，变压器在高温气象环境下发生故障的概率比较大，某市变压器在不同温度时发生故障的概率如表 3-1 所示。因此，考虑设备在不同微气象条件下的运行状态差异，不仅有利于提高故障概率预测精度，而且有利于制订合理的检修计划。

表 3-1　某市变压器在不同温度时发生故障的概率

气象环境序列	平均温度/℃	降雨量/mm	变压器发生故障的概率/(次/月)
a_1	25.1	70.8	0.0076
a_2	24.3	32.3	0.0042
a_3	32.2	19.7	0.0140

续表

气象环境序列	平均温度/℃	降雨量/mm	变压器发生故障的概率/(次/月)
a_4	30.6	119.4	0.0101
a_5	25.1	75.0	0.0065
a_6	30.4	25.6	0.0127
a_7	32.6	29.7	0.0142

由前面的分析可知,在实际运行过程中,电力设备受到很多因素的综合影响,不同类型设备影响故障概率的因素有所差异,且其故障的发生具有随机性和模糊性的特征。另外,电网状态检修的实施使得不同时间的设备故障概率大小并非相互独立,且设备故障的发生是一个动态累积过程,缺陷累积、状态劣化、量变引起质变,设备故障的发生往往具有惯性和滞后效应,因此对于设备状态的评估及相应的设备故障概率预测均必须考虑累积效应的影响。

由于变压器结构及运行特点,相关数据的采集难度大、量少,而且时间尺度较大。因此,结合实际情况,变压器故障预测分析大多难以具体到单台变压器对象的故障概率数值,设备故障概率在大多情况下是以年度等为单位的统计平均值,原则上时间尺度过窄的变压器故障概率预测没有必要进行。对于状态检修需求,仅获取变压器故障概率数值并不能提供足够信息,还需要一定意义上的定性判断,因此本小节对结合变压器故障类型(原因)及概率综合信息的预测进行研究。

首先进行数据预处理。本小节研究故障对象发生时间为早期故障期结束至故障役期结束。因此,应当首先对模型中故障数据在役期的时间位置进行判断,剔除位于早期故障期发生的故障相关信息。

根据前面的分析,本小节的故障概率预测模型根据故障发生情况不同分为随机性故障、模糊性故障两类电力设备,并且分别建立故障概率预测模型。其中,模糊类故障电力设备运行中大量的不确定性因素和信息导致系统的随机性与模糊性,可观测数据大多具有非线性特征,样本少因此如何利用有限的数据提取出合理的信息及规则是此类故障预测的重要研究内容。

3.3　输电线路故障概率预测

输电线路作为电网运行设备的重要组成部分,可能引起其故障的主要是外部因素,包括气象因素、运行环境、人为因素,另外引起其故障的内部因素主要可以概括为线路老化[11-15]。

在变电设备运行过程中,由于雷击、外部短路故障等冲击的影响,其状态渐变过程必然受到影响[16-18]。冲击极有可能发展成故障而造成停电事故，必须引起重视。例如，当输电线路发生故障时，绕组中流过的大电流将产生强大的电动力，可能造成绕组变形，且该大电流的热效应会加剧绝缘的损坏[19,20]。因此，在输电线路故障预测研究中必须考虑这些冲击(瞬时)对线路运行时间序列的影响。

时间序列分析是统计分析方法的一种，常用于进行动态数据分析。其中，由此延伸的时间序列预测方法，可体现序列的趋势变化、周期性变化、随机性变化等特征。有些时间序列变量形式依赖时间变化，可能构成单个序列值本身具有一定的不确定性，对整个序列来说却呈现规律性变化，利用这一特点可实现数学模型的近似描述。本节采用时间序列模型进行预测，该方法可有效反映线路运行的故障历史信息，并体现内部及外部影响因素的作用，具有实用性。

概括来说，时间序列分析以时间序列数据为研究对象，进行曲线拟合以及模型参数估计，最终建立合理的数学模型。①研究对象中的数据来自观测、统计、调查、抽样等，具有动态特性；②对数据进行相关性分析，求出自相关函数；③辨识出适合的随机模型，并进行曲线拟合。

自回归滑动平均(auto-regressive and moving average，ARMA)模型是研究时间序列的重要方法，概括来说由自回归 (auto-regressive, AR) 模型以及滑动平均 (moving average, MA) 模型结合而成。

3.3.1 基本思想

按照时间推移顺序排列研究对象数据，形成一个随机序列，这组随机序列相互间的依存关系代表了原始研究对象数据时间意义上的延续性。时间序列中各个数据变化不仅受影响因素的影响，其自身同时存在一定的变动规律，设 x_{t-1}, x_{t-2}, $\cdots$, x_{t-p} 为各个影响因素，根据回归分析进行如下操作：

(1) 建立 p 阶 AR(p)模型，即

$$x_t = \phi_0 + \phi_1 x_{t-1} + \phi_2 x_{t-2} + \cdots + \phi_p x_{t-p} + \varepsilon_t \tag{3-5}$$

式中，ϕ_0，ϕ_1，$\cdots$，ϕ_p 称为自回归系数。

(2) 建立 q 阶 MA(q)模型，即

$$x_t = \mu + \varepsilon_t - \theta_1 \varepsilon_{t-1} - \theta_2 \varepsilon_{t-2} - \cdots - \theta_q \varepsilon_{t-q} \tag{3-6}$$

式中，ε_t，ε_{t-1}，$\cdots$，ε_{t-q} 称为滑动平均系数。

(3) 建立 ARMA(p,q)模型，即

$$x_t = \phi_0 + \phi_1 x_{t-1} + \phi_2 x_{t-2} + \cdots + \phi_p x_{t-p} + \varepsilon_t - \theta_1 \varepsilon_{t-1} - \theta_2 \varepsilon_{t-2} - \cdots - \theta_q \varepsilon_{t-q} \tag{3-7}$$

当 $q=0$ 时，ARMA(p,q)模型将退化为 AR(p)模型；当 $p=0$ 时，ARMA(p,q)模型将退化为 MA(q)模型。因此，实际上 AR(p)模型和 MA(q)模型可看作 ARMA(p,q)

模型的两种特例，三者可统称为 ARMA 模型。

考虑状态维修下线路故障率与以往故障率大小有着不可分割的联系，线路故障率也随其投入运行时间存在着自身的规律，本小节选取 ARMA 模型进行随机性故障类设备的故障概率预测。

3.3.2　数据平稳性检验

数据的平稳性检验方法可大致分为两类：一类是图检验方法，即根据时序图以及自相关图显示出的特征判断；另一类是增强型狄可基-富勒检验(augmented Dickeyfuller test, ADF)方法，即构造检验统计量进行假设检验。多数时间序列都可以由单位根实现更近似的描述，而非确定性的时间趋势，因此得到了更广泛的应用。单位根检验，即通过检验时间序列自回归特征方程，计算出其特征根，并判断特征根与单位圆的位置关系(圆内或圆外(包括在单元圆上))以此检验时间序列平稳性。

最常用的单位根检验统计量为 ADF 检验统计量，对于任一 p 阶 AR(p)过程：

$$x_t = \phi_1 x_{t-1} + \cdots + \phi_p x_{t-p} + \varepsilon_t \tag{3-8}$$

特征方程可以表示为

$$\lambda^p - \phi_1 \lambda^{p-1} - \cdots - \phi_p = 0 \tag{3-9}$$

若该特征方程的所有特征根均位于单位圆内，即 $|\lambda_i| < 1(i = 1, 2, \cdots, n)$ ，则判定 X_t 为平稳序列。若至少有一个特征根不在单位圆内，则 $\lambda_1 = 1$ ，序列 X_t 非平稳，同时自回归系数之和刚好等于 1，即

$$\phi_1 + \phi_2 + \cdots + \phi_p = 1 \tag{3-10}$$

根据以上分析，AR(p)过程中检验其自回归系数之和通过判定其是否大于等于 1 来确定该序列的平稳性。设 $\rho = \phi_1 + \phi_2 + \cdots + \phi_p - 1$ ，则对于原假设 $H_0 : \rho \geqslant 0$ (序列 X_t 非平稳)，可得 ADF 的检验统计量为

$$\tau = \frac{\hat{\rho}}{S(\hat{\rho})} \tag{3-11}$$

式中，$S(\hat{\rho})$ 为参数 ρ 的样本标准差。

采用蒙特卡罗模拟方法可以计算出 τ 检验统计量临界值表。若得出平稳性检验结果为非平稳序列，则应对时间序列数据进行差分处理，差分处理结果实现平稳化后再建模，这一过程称为 ARMA 建模。

ARMA 模型建立可以分为三个部分：①数据检验；②模型辨识；③确定模型参数。理论上，ARMA(p,q)模型偏自相关系数是不截尾的，AR(p)模型、MA(q)模型以及 ARMA(p,q)模型各自的自相关函数(auto correlation function，ACF)和偏自

相关函数(partial auto correlation function, PACF)呈现规律如表 3-2 所示。

表 3-2 三种模型的自相关系数和偏自相关系数

模型	自相关系数 ρ_k	偏自相关系数 Φ_{kk}
AP(p)	拖尾	p 阶截尾
MA(q)	q 阶截尾	拖尾
ARMA(p,q)	拖尾	拖尾

如果对于某个时间序列进行平稳性分析后，结果判定是平稳非白噪声序列，那么可以直接计算样本的 ACF 以及样本的 PACF，并通过其特性确定阶数合适的 ARMA 模型与拟合序列，可以估计出自相关阶数 $\hat{p}$ 和移动平均阶数 $\hat{q}$，这个过程即实现了模型识别。

3.4 变压器故障概率预测

变压器是电网的核心变电设备，变压器的稳定运行是保证电网稳定运行的基础，各级电网公司对变压器设备的运行维护工作都非常重视，变压器故障还直接影响为用户的供电，导致用户停电，影响企业的生产和居民的生活，尤其是政府机关、保安负荷、大型钢铁企业、化工企业等重要负荷，变压器故障导致重要用户负荷停电，将造成巨大的经济损失和社会影响，也会影响电力企业的企业形象和经济效益。电力变压器是一个复杂系统，在运行过程中容易受温度、湿度、风雨及雷电等各种因素的影响[21-25]。在调度部门的变电站设备监控主站系统中，依据电网公司关于变电站设备监控信息规范的相关要求，与变压器运行相关的监视数据就有上百个。大量的不确定性因素和运行信息导致系统的随机性与模糊性，应当认识到，在变压器故障率预测的研究中，现阶段大多数模型未考虑数据可能存在的非等间隔特征，不具有普适性。因此，本节选用非等间隔灰色理论进行油浸式变压器故障预测，这种方法更契合实际而具有广泛的应用价值。

变压器油色谱在线监测可实现油浸式变压器的状态检修，但是目前技术方面尚有差距，不能实现油中溶解气体浓度的实时监测[26-29]。基于此，根据已有的历史变压器油中溶解气体浓度值来预测未来溶解气体浓度，可作为变压器在线监测的必要补充措施，有助于实现变压器故障预警，并且考虑到各类溶解气体的产生机理，可进一步进行基于溶解气体浓度故障类型的判断，通过提前判断出变压器可能发生的故障类型，及时对变压器安排检修计划。在对变压器故障特征气体的研究中发现，非等间隔灰色预测应用存在精度问题[30-32]。本节提出基于背景值与幂指数协调优化的非等间隔 GM(1,1) 幂模型的变压器故障溶解气体预测方法。结合故障气体非线性、样本总数量少、信息量受限的特征，建立不受数据连续性要求限制的非等间隔 GM(1,1) 幂模型，以模拟值平均相对误差最小为目标，利用遗传算法协调优化该模型背景值与幂指数等参数，将参数优化后的幂模型用于预测，以提高预测精度，进而提高变压器故障诊断的准确性。

3.4.1　基于非等间隔 GM(1.1) 幂模型的灰色预测

变压器油中溶解气体组分含量变化规律不是固定、唯一的。当不同性质的故障发生时，变压器油中溶解气体的组分总是不同的，根据这个特点可判断不同故障类型。

考虑到故障特征溶解气体之间存在复杂关系，现从历史数据层面对五种故障特征气体进行皮尔逊相关性分析，选取南方电网某 220kV 变电站#1 主变的油色谱在线监测装置监测的五种特征气体数据展开，取 2012 年 5 月 6 日、5 月 8 日、5 月 10 日、5 月 12 日、5 月 14 日五天的数据，变压器故障特征气体相关性分析结果如表 3-3 所示。

表 3-3　变压器故障特征气体相关性分析结果

气体类别	H_2	CH_4	C_2H_6	C_2H_4	C_2H_2
H_2 皮尔逊相关显著性 (双尾)	1 —	0.841* 0.036	0.708 0.116	0.834* 0.039	0.840* 0.036
CH_4 皮尔逊相关显著性 (双尾)	0.841* 0.036	1 —	0.863* 0.027	0.977** 0.011	0.845* 0.034
C_2H_6 皮尔逊相关显著性 (双尾)	0.708 0.116	0.863* 0.027	1 —	0.863* 0.027	0.867* 0.025
C_2H_4 皮尔逊相关显著性 (双尾)	0.834* 0.039	0.977** 0.011	0.863* 0.027	1 —	0.915* 0.010
C_2H_2 皮尔逊相关显著性 (双尾)	0.840* 0.036	0.845* 0.034	0.867* 0.025	0.915* 0.010	1 —

表 3-3 中，*相关性在 0.05 层上显著(双尾)，**相关性在 0.01 层上显著(双尾)，即有 99% 的把握认为相关性的确存在，其中双尾表示双侧检验。由表 3-3 可以发现，CH_4 与 C_2H_4 之间相关系数达到 0.977，在 0.01 层面上显著相关，其他特征气体之间相关度呈现高度相关，彼此之间存在密切联系，这与各种气体产生的原因和机理有关。因此，特征溶解气体与故障间的关系存在高度的灰色性。

正常运行的变压器的各类状态参数一般每隔几个月、半年或一年测试一次，若变压器健康状态下降，则缩短检测周期，这些参数资料构成了非等间隔序列。因此，为了充分、有效利用变压器相关历史特征数据，提高预测准确度，研究非等间隔预测方法势在必行。

灰色系统理论把一切随机量都看作灰色数，对灰色数的处理不是找概率分布或求统计规律，而是利用数据处理的方法寻找数据间的规律，弱化不确定性，强化规律性，在数据量少及存在灰色信息的情况下，建立系统连续微分方程。

1. 非等间隔 GM(1,1)幂模型的建立

设非负原始序列为 $X^{(0)} = (x^{(0)}(t_1), x^{(0)}(t_2), \cdots, x^{(0)}(t_k))$，对原始序列 $X^{(0)}$ 进行一阶累加生成，得到序列 $X^{(1)} = (x^{(1)}(t_1), x^{(1)}(t_2), \cdots, x^{(1)}(t_k))$，其中，$X^{(0)}(t_k)$ 中各元素的采集时间非等间隔，$k = 1, 2, \cdots, n$。

可以得到非等间隔的灰导数为

$$\delta(t_k) = \frac{x^{(1)}(t_k) - x^{(1)}(t_{k-1})}{\Delta t_k} = \frac{\sum_{i=1}^{k} x^{(0)}(t_i)\Delta t_i - \sum_{i=1}^{k-1} x^{(0)}(t_i)\Delta t_i}{\Delta t_k} = x^{(0)}(t_k) \qquad (3\text{-}12)$$

设 $z^{(1)}(t_k)$ 为灰导数背景值，则非等间隔 GM(1,1)幂模型的灰色微分方程可以表示为

$$x^{(0)}(t_k) + az^{(1)}(t_k) = b(z^{(1)}(t_k))^{\gamma} \qquad (3\text{-}13)$$

式中，a 为幂模型的发展系数；b 为灰色作用量；γ 为幂指数，当 $\gamma = 0$ 时，为非等间隔 GM(1,1)幂模型表达式，而当 $\gamma = 2$ 时，为非等间隔 Verhulst 模型。因此，通过对参数 γ 进行控制和调节，可实现该模型对非等间隔 GM(1,1)幂模型和非等间隔 Verhulst 模型的覆盖，使得 GM(1,1)幂模型可以灵活地反映原始数据的特点。

灰色模型参数辨识问题从根本上来说是一个最小二乘问题，定义 $\hat{a} = (a,b)^{\mathrm{T}}$ 为非等间隔 GM(1,1)幂模型的参数向量，非等间隔 GM(1,1)幂模型参数的最小二乘估计为

$$(a,b)^{\mathrm{T}} = (B^{\mathrm{T}}B)^{-1}B^{\mathrm{T}}Y \qquad (3\text{-}14)$$

式中

$$B = \begin{bmatrix} -z^{(1)}(t_2) & (z^{(1)}(t_2))^{\gamma} \\ -z^{(1)}(t_3) & (z^{(1)}(t_3))^{\gamma} \\ \vdots & \vdots \\ -z^{(1)}(t_n) & (z^{(1)}(t_n))^{\gamma} \end{bmatrix}, \quad Y = \begin{bmatrix} x^{(0)}(t_2) \\ x^{(0)}(t_3) \\ \vdots \\ x^{(0)}(t_n) \end{bmatrix} \qquad (3\text{-}15)$$

白化方程为

$$\frac{\mathrm{d}x^{(1)}(t)}{\mathrm{d}t} + ax^{(1)}(t) = b\left(x^{(1)}(t)\right)^{\gamma} \qquad (3\text{-}16)$$

解白化方程，以 $x^{(1)}(t_k)$ 为初始值，可得非等间隔 GM(1,1)幂模型的时间响应序列为

$$x^{(1)}(t_k) = \left\{ \frac{b}{a} + \left[\left(x^{(0)}(t_1) \right)^{1-\gamma} - \frac{b}{a} \right] \mathrm{e}^{-a(1-\gamma)(t_k - t_1)} \right\}^{\frac{1}{1-\gamma}} \tag{3-17}$$

还原值为

$$x^{(0)}(t_k) = \begin{cases} x^{(1)}(t_1), & k = 1 \\ \dfrac{x^{(1)}(t_k) - x^{(1)}(t_{k-1})}{\Delta t_k}, & k = 2, 3, \cdots, n \end{cases} \tag{3-18}$$

2. 背景值选取

背景值的选取是影响非等间隔 GM(1,1)幂模型预测精度及适应性的重要因素之一。常用背景值的计算公式是根据梯形公式构造的，即

$$z^{(1)}(t_k) = 0.5(x^{(1)}(t_{k-1}) + x^{(1)}(t_k)) \tag{3-19}$$

当非等间隔 GM(1,1)幂模型的发展系数绝对值较大，即 $|a| \geqslant 1.0$ 时，这种背景值构造方法的模拟效果及预测精度远不够理想，主要表现在序列数据发生急剧变化时，误差较大。例如，在变压器潜伏性故障发展到显性故障的过程中，油中溶解气体的组分发生明显变化，以常用的背景值构造结果进行预测，会产生较大误差。因此，本节考虑从背景值插值系数的角度对非等间隔 GM(1,1)幂模型的背景值进行优化，表示为

$$z^{(1)}(t_k) = p x^{(1)}(t_k) + (1 - p) x^{(1)}(t_{k-1}) \tag{3-20}$$

式中，p 为插值系数，$0 \leqslant p \leqslant 1$。

3.4.2　基于遗传算法 GM(1,1)幂模型的参数优化

1. 数乘变换

在建模过程中，考虑到数据间存在量级差异的干扰，常采取相应的数据处理方法消除原始数据的量纲，保证数据之间具有可比性，如归一化变换、量级变换等，这些变换方法统称为数乘变换。尤其是在灰色预测中，数乘变换可以显著降低预测模型的病态程度，保证模型的模拟精度。本节预测模型应用于变压器故障特征气体浓度值，由表 3-3 可知，虽然各类溶解气体量之间有一定的相关性，但是其产生与变化机理不同，并非处于同一量级，因此建模前需要首先对浓度值进行数乘变换。

对于原始非负数据序列 X^0、Y^0，其中 $y^{(0)}(k) = \rho x^{(0)}(k), \rho > 0, k = 1, 2, \cdots, n$，$X^{(1)}$ 为 X^0 的一阶累加生成序列，简称为 1-AGO，Y^1 为 Y^0 的 1-AGO，$y^{(1)}(k) = \rho x^{(1)}(k)$，$k = 1, 2, \cdots, n$。利用原始序列与数乘变换后的序列分别构建非等间隔 GM(1,1) 幂模型，推导的数据序列之间的绝对误差值仍然保持数乘变换过程中的量化关系，幂模型的精度不变。因此，对原始数据进行适当的数乘变换，既可保证较高的预测精度，又减小了数据的数量级，降低了建模过程中的计算复杂度。

2. 幂指数与背景值协同优化模型

为实现模型对于数据特性的模拟准确度最高，以模拟值平均相对误差最小化为目标，以参数之间的关系为约束条件，建立以下优化模型，即

$$\min_{\gamma, p} \overline{V} = \frac{1}{n} \sum_{k=1}^{n} \left| \frac{\hat{x}^{(0)}(t_k) - x^{(0)}(t_k)}{x^{(0)}(t_k)} \right|$$

$$\text{s.t.} \begin{cases} \gamma \neq 1 \\ 0 \leqslant p \leqslant 1 \\ \hat{x}^{(1)}(t_1) = x^{(1)}(t_1) \\ \hat{x}^{(0)}(t_k) = \dfrac{\hat{x}^{(1)}(t_k) - \hat{x}^{(1)}(t_{k-1})}{\Delta t_k}, \quad k = 2, 3, \cdots, n \\ \hat{x}^{(1)}(t_k) = \left\{ d + \left[\left(x^{(0)}(t_1) \right)^{1-\gamma} - d \right] \mathrm{e}^{-a(1-\gamma)(t_k - t_1)} \right\}^{\frac{1}{1-\gamma}} \\ d = \dfrac{\sum\limits_{k=2}^{n} \left(z^{(1)}(t_k) \right)^2 \sum\limits_{k=2}^{n} x^{(0)}(t_k) \left(z^{(1)}(t_k) \right)^{\gamma} - \sum\limits_{k=2}^{n} \left(z^{(1)}(t_k) \right)^{\gamma+1} \sum\limits_{k=2}^{n} x^{(0)}(t_k) z^{(1)}(t_k)}{\sum\limits_{k=2}^{n} \left(z^{(1)}(t_k) \right)^{\gamma+1} \sum\limits_{k=2}^{n} x^{(0)}(t_k) \left(z^{(1)}(t_k) \right)^{\gamma} - \sum\limits_{k=2}^{n} \left(z^{(1)}(t_k) \right)^{2\gamma} \sum\limits_{k=2}^{n} x^{(0)}(t_k) z^{(1)}(t_k)} \\ z^{(1)}(t_k) = p x^{(1)}(t_k) + (1-p) x^{(1)}(t_{k-1}) \end{cases}$$

$$(3\text{-}21)$$

约束条件包括含有幂指数 γ 的时间响应序列表达式(式(3-16)，其中 $d = b/a$)，以及基于式(3-19)以插值系数 p 表示的非等间隔 GM(1,1) 幂模型的背景值。利用遗传算法对目标函数进行优化求解，得出目标值最小平均误差以及对应的幂指数 γ 与插值系数 p 两个变量的值，遗传算法优化模型参数流程图如图 3-1 所示。

在 p 和 γ 确定后，将式(3-21)展开，可确定非等间隔 GM(1,1) 幂模型的参数 a 和 b，其代数表达式分别为

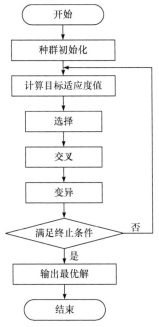

图 3-1　遗传算法优化模型参数流程图

$$a = \frac{\sum_{k=2}^{n}(z^{(1)}(t_k))^{\gamma+1}\sum_{k=2}^{n}x^{(0)}(t_k)(z^{(1)}(t_k))^{\gamma} - \sum_{k=2}^{n}(z^{(1)}(t_k))^{2\gamma}\sum_{k=2}^{n}x^{(0)}(t_k)z^{(1)}(t_k)}{\sum_{k=2}^{n}(z^{(1)}(t_k))^{2\gamma}\sum_{k=2}^{n}(z^{(1)}(t_k))^{2} - \left[\sum_{k=2}^{n}(z^{(1)}(t_k))^{\gamma+1}\right]^{2}} \quad (3\text{-}22)$$

$$b = \frac{\sum_{k=2}^{n}(z^{(1)}(t_k))^{2}\sum_{k=2}^{n}x^{(0)}(t_k)(z^{(1)}(t_k))^{\gamma} - \sum_{k=2}^{n}(z^{(1)}(t_k))^{\gamma+1}\sum_{k=2}^{n}x^{(0)}(t_k)z^{(1)}(t_k)}{\sum_{k=2}^{n}(z^{(1)}(t_k))^{2\gamma}\sum_{k=2}^{n}(z^{(1)}(t_k))^{2} - \left[\sum_{k=2}^{n}(z^{(1)}(t_k))^{\gamma+1}\right]^{2}} \quad (3\text{-}23)$$

将所得的最优的 p、γ 以及求得的对应参数 a 和 b 的值代入白化方程(3-16)，并根据原始数据序列进行求解得到时间响应序列，即为本节所求非等间距 GM(1,1)幂模型预测表达式，输入预测目标值所在时间点 t_k，通过计算即可得出预测值。

3.5　配电网元件负载率预测和重过载状态预警

3.5.1　配电网元件负载率预测

配变、线路等发生重过载事件将影响配电网的安全稳定运行。本节基于用功功率、功率因数、额定容量、通过电流、最大允许通过电流等参数定义配变、线路的负载率指标，建立基于深度学习的负载率预测模型，根据预测结果预警配变、线路的重过载事件。因此，对配电网元件的负载率预测是电网安全运行的基础和保障。

$$配变负载率=用功功率/(功率因数×额定容量)$$

$$线路负载率=通过电流/最大允许通过电流$$

配电网元件的负载率预测主要包括以下 5 个环节。

1. 数据预处理

数据预处理是按照配变负载率和线路负载率的计算方法来计算每台(条)配变/线路的负载率时序数据，需首先剔除和填充负载率时序数据中的异常值和缺失值。

在该步骤，针对计算得到的配变、线路的负载率时序数据，采用离群点检测算法检出负载率时序数据中的异常值，并将异常值设置为缺失值，然后采用相似性推导方法分情况填充缺失值，具体情况如下。

情况 1：若连续缺失区间不超过 1 小时，考虑到短时间内负载率变化一般不显著，则取上 1 小时的同时段数据作为修正值。

情况 2：若连续缺失区间在 1 小时和 1 日之间，则取上 1 个相同日类型的同时段数据作为修正值，例如，若连续缺失区间在周末，则取上 1 个周末的同时段数据作为修正值。

情况 3：若连续缺失区间在 1 日和 1 个月之间，则取上 1 个月的同时段数据作为修正值。

情况 4：若连续缺失区间超过 1 个月，则丢弃该负载率时间序列。

2. 聚类分析

按照负载率曲线特征分类配变，线路类型与其相连的配变类型一致。

图 3-2 和图 3-3 展示了采用层级聚类法对沿海某城市 124 个台区负载率曲线的分类结果。按照负荷曲线特征，将配变分为住宅、商住两用、商业三类。

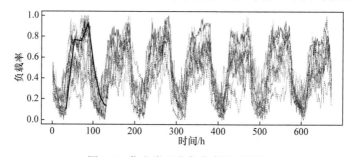

图 3-2　住宅类配变负载率波动趋势

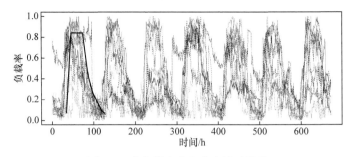

图 3-3　商业类配变负载率波动趋势

3. 负载率与日历周期的关联统计分析

利用负载率与日历周期的关联统计分析来统计分析配变/线路与日历周期(日、周、月)因素的相关性。

图 3-4～图 3-6 展示了住宅类配变在不同日历周期内的负载率分布情况，箱体线从下至上分别指示最小正常值、下四分位数、中位数、上四分位数、最大正常值，正常值之外的值以圆圈表示。其中，日内小时粒度负载率的上四分位数从 14 时开始爬升并在 21 时达到最高，这与城镇人口作息规律一致；周内日粒度负载率的上四分位数在工作日和非工作日的波动均不明显，非工作日较工作日的负载率

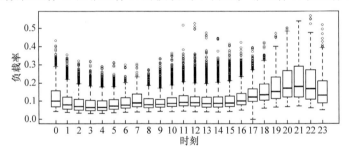

图 3-4　住宅类配变日内小时粒度负载率分布

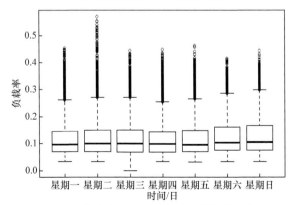

图 3-5　住宅类配变周内日粒度负载率分布

增长 8.6%～13.4%，这与住户居家时间长短一致；月内日粒度负载率的上四分位数在 7 月达到峰值，并在次年 1 月达到局部峰值，这与电力空调等温控设备的使用率一致。

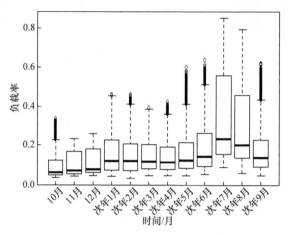

图 3-6　住宅类配变年内月粒度负载率分布

图 3-7～图 3-9 展示了商业类配变在不同日历周期内的负载率分布情况。其

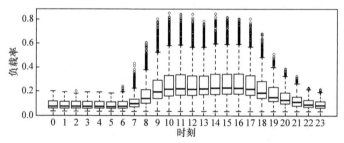

图 3-7　商业类配变日内小时粒度负载率分布

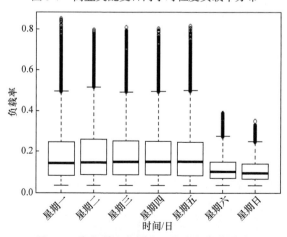

图 3-8　商业类配变周内日粒度负载率分布

中，日内小时粒度负载率的上四分位数在 8 时至 20 时时段内处于较高水平，异常高值集中在 9 时至 18 时时段内，这与一般工商业的日常经营时间一致；周内日粒度负载率的上四分位数在工作日处于更高水平，这与企业周末歇业情况一致；月内日粒度负载率的上四分位数分别在次年 7 月和次年 1 月达到全局峰值和局部峰值，这与电力空调等温控设备的使用率一致。

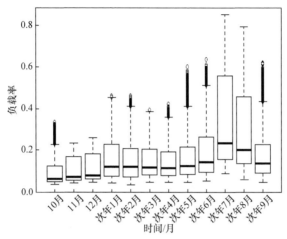

图 3-9　商业类配变年内月粒度负载率分布

类似地，分析发现商业类配变的配电网线路在不同日历周期内的负载率变化特征与住宅类配变的相似，具体表现如下：

(1) 日内小时粒度负载率在 17 时至 21 时和 9 时至 16 时的两个时段内处于较高水平。

(2) 周内日粒度负载率在工作日处于较高水平。

(3) 年内月粒度负载率在次年 7 月和次年 1 月分别处于全局最高水平和局部最高水平。

4. 负载率与气象的相关性分析

相关性分析是分析配变/线路与气象(温度、气压、湿度)的相关性。

图 3-10 展示了 2017～2018 年某沿海城市台区按气温分组的日粒度配变负载率分布。由图可知，30℃是一个分水岭，30℃以上情况下的配变负载率水平显著上升，容易引起重过载。按照皮尔逊相关性计算公式，计算得到气象因素与负载率的相关性。图 3-11 展示了 2017 年配变日负载率与温度、气压、湿度、温度平方的相关系数。其中，负载率与温度、气压、温度平方的相关性较强，相关系数分别为 0.6、–0.58 和 0.69，负载率与湿度的相关性较弱，相关系数为–0.13。

图 3-12 展示了 2017 年某沿海城市线路全年日负载率与温度、气压、湿度的相关性热力图。由图可知，全年日负载率与各气象因素的相关系数介于–0.87～

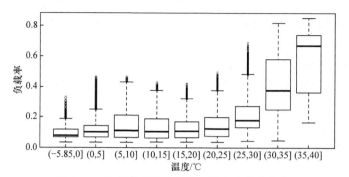

图 3-10　按气温分组的日粒度配变负载率分布

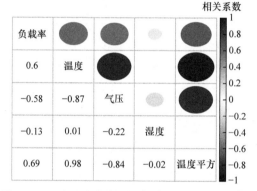

图 3-11　配变日负载率与气象因素的相关性热力图

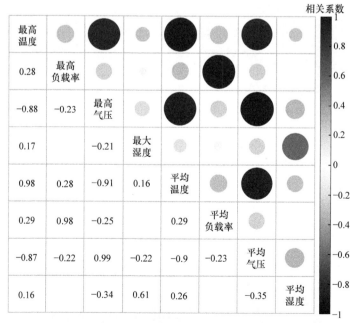

图 3-12　线路全年日负载率与气象因素的相关性热力图

0.98。进一步地，图 3-13 展示了线路的夏季日负载率与温度、气压、湿度的相关性热力图。由图可知，夏季日负载率与各气象因素的相关性水平显著提升。以夏季日最高负载率为例，其与最高温度、最高气压、平均温度、平均气压的相关系数分别为 0.28、–0.23、0.28、–0.22。

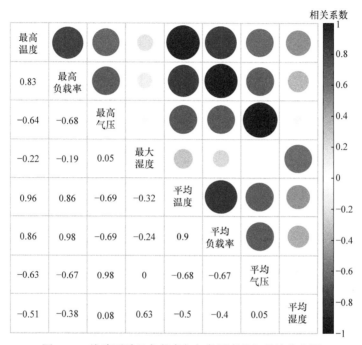

图 3-13　线路夏季日负载率与气象因素的相关性热力图

5. 数据建模

对每台(条)配变/线路，建立负载率预测模型。建立基于 LSTM 神经网络的负载率预测模型。

GRU 的计算节点结构如图 3-14 所示，记忆门是计算节点的核心单元，用来记录当前时刻的状态，相关计算公式为

$$a_c(t) = \sum_i^I x_i(t) w_{ic} + \sum_h^H b_h(t-1) w_{hc} \tag{3-24}$$

$$s_c(t) = b_\varnothing(t) s_c(t-1) + b_1(t) g(a_c(t)) \tag{3-25}$$

式中，$\sum_i^I x_i(t) w_{ic}$ 为 t 时刻输入门的输入；$\sum_h^H b_h(t-1) w_{hc}$ 为 t–1 时刻遗忘门的输入；$b_1(t) g(a_c(t))$ 为 t 时刻遗忘门 $a_c(t)$ 映射的乘积；$b_\varnothing(t) s_c(t-1)$ 为 t 时刻遗忘门与 t–1 时刻状态输出的乘积；$g(\cdot)$ 为映射函数；$s_c(t)$ 为 t 时刻的状态输出。

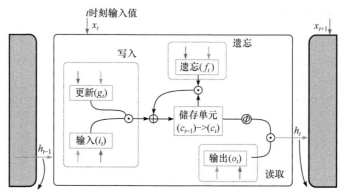

图 3-14　GRU 的计算节点结构

建立基于 GRU 的负载率预测模型。GRU 的计算节点没有独立的记忆单元，参数计算公式见式(3-26)～式(3-29)。一般而言，GRU 的预测精准性略低于 LSTM 神经网络，但前者复杂性更低，收敛速度更快。因此，当算力不足时，可使用 GRU 建立分钟级负载率预测模型，满足重过载-预警的准实时需求。

$$\gamma_t = \sigma\left(W_\gamma \cdot \left[h_{t-1}, x_t\right]\right) \tag{3-26}$$

$$z_t = \sigma\left(W_z \cdot \left[h_{t-1}, x_t\right]\right) \tag{3-27}$$

$$\tilde{h}_t = \tanh\left(W_{\tilde{h}} \cdot \left[\gamma_t h_{t-1}, x_t\right]\right) \tag{3-28}$$

$$h_t = \left(1 - z_t\right)h_{t-1} + z_t\tilde{h}_t \tag{3-29}$$

3.5.2　配电网元件重过载状态预警

配电网元件负载率预警主要包括以下两个环节。

1. 建立监测指标体系

考虑到负载率波动呈周期性且负载率预测存在误差，设定以下监测指标和状态。

一级指标：过去 53 个完整周内的最高负载率不超过 50%，不满足该指标的元件处于"一级关注"状态。

二级指标：去年同期±7 日的最高负载率不超过 50%且近 7 日的最高负载率不超过 50%。不满足该指标的元件处于"二级关注"状态，其未来发生重过载的可能性较大。

2. 预警重过载状态

基于状态监测指标体系筛选出处于"二级关注"状态的配变/线路，使用基于

GRU 的负载率预测模型预测各元件的下一日 24 小时负载率。根据预测结果判断配变/线路下一日的负载状态并给出预警信号，包括：①轻载信号，预测的负载率小于 60%；②临界状态，预测的负载率为 60%～70%；③重载状态，预测的负载率为 70%～100%；④过载状态，预测的负载率大于等于 100%。

表 3-4、表 3-5 展示了沿海某城市"二级关注"配变、线路的负载率预测与重过载预警结果及评价分析，评价指标 C 、 E_H 、 E_L 分别为准确判断率、过重误判率、过轻误判率。在式(3-30)～式(3-32)中， T_R 是准确预测重载、过载状态的时点数， T_H 是将轻载状态错误预测为临界状态、重载状态、过载状态的时点数， T_L 是将重载状态、过载状态错误预测为轻载状态的时点数， T_{fact} 是实际重载状态、过载状态的时点数， T_{pre} 是预测为重载状态、过载状态的时点数。

$$C = \frac{T_R}{T_{fact}} \tag{3-30}$$

$$E_H = \frac{T_H}{T_{pre}} \tag{3-31}$$

$$E_L = \frac{T_L}{T_{fact}} \tag{3-32}$$

根据评价指标，对"二级关注"元件重过载状态的准确判断率、过轻误判率较佳，过重误判率略高，性能满足应用要求。

表 3-4　"二级关注"配变预警结果及评价分析

配变	类型	RMSE	C	E_H	E_L
1	商业类	0.01	0.78	0.09	0.22
2		0.04	0.85	0.34	0.15
3	商住两用类	0.03	0.86	0.12	0.14
4		0.07	0.99	0.00	0.01
5	住宅类	0.02	0.94	0.18	0.06
6		0.01	0.95	0.00	0.05
均值		0.03	0.90	0.12	0.11

表 3-5　"二级关注"线路预警结果及评价分析

线路	类型	RMSE	C	E_H	E_L
1	住宅类	0.05	0.85	0.27	0.15
2	商住两用类	0.06	0.92	0.39	0.08
3	商业类	0.05	0.98	0.20	0.02
均值		0.05	0.92	0.29	0.08

3.6　本　章　小　结

健康的设备是电力系统安全可靠运行的基础。在电力系统中，设备的种类、数量都非常多，分布范围很广，运行工况复杂。设备发生故障常常会引起停电，需要大量人力、物力对出现故障的设备进行维修，产生较大经济损失。随着大数据和数据挖掘技术的成熟，未来电力系统将逐步开展电力设备故障和缺陷概率预测，及时对故障和缺陷概率较高的设备进行检修、替换。本章提出以输电线路和变压器为例的输变电设备故障概率预测方法，设计基于人工智能的配电网设备负载预测预警系统，根据负载预测结果预警配电变压器、线路的重过载状态。分析了引起设备发生故障的因素，在综合现有故障概率预测模型考虑影响因素前提下，增加考虑设备微气象、累积效应等因素。以输电线路和变压器作为两类典型代表分别建立故障概率预测模型；由于故障作用机理不同，变压器各气体溶解度数据序列变化特征不尽相同，本章所用幂模型适应性强，可减小预测中气体数据间的相互影响，同时较好地反映数据中的非线性特征。考虑到实际电网中变压器相关数据采集不完整的情况，建立不同气体类型特征下的非等间隔预测模型，打破灰色预测方法对数据序列等间隔性的要求。

参 考 文 献

[1] 李明, 韩学山, 杨明, 等. 电网状态检修概念与理论基础研究[J]. 中国电机工程学报, 2011, 31 (34): 43-52, 6.

[2] 廖小波. 机床故障率浴盆曲线定量化建模及应用研究[D]. 重庆: 重庆大学, 2010.

[3] 潘乐真, 张焰, 俞国勤, 等. 状态检修决策中的电气设备故障率推算[J]. 电力自动化设备, 2010, 30(2): 91-94.

[4] 谢天喜, 周志成, 陶风波, 等. 基于气象预报与设备状态评价的特高压输电线路故障率计算方法研究[J]. 电气应用, 2014, 33(21): 24-28.

[5] Corbet P S. Terrestrial microclimate: Amelioration at high latitudes[J]. Science, 1969, 166(3907): 865-866.

[6] 向彬. 电力变压器油纸绝缘老化微观机理及热特性研究[D]. 重庆: 重庆大学, 2008.

[7] 胡文平, 于腾凯, 巫伟南. 一种基于云预测模型的电网综合风险评估方法[J]. 电力系统保护与控制, 2015, 43(5):35-42.

[8] Mu Z Y, Xu P D, Zhang K, et al. Cascading fault early warning and location method of transmission networks based on wide area time-series power system state[J]. IEEE Journal of Radio Frequency Identification, 2022, 7: 6-11.

[9] Ahmad T, Madonski R, Zhang D D, et al. Data-driven probabilistic machine learning in sustainable smart energy/smart energy systems: Key developments, challenges, and future research opportunities in the context of smart grid paradigm[J]. Renewable and Sustainable Energy Reviews, 2022, 160: 112128.

[10] Lei T X, Lv F C, Liu J M, et al. Research on electrical equipment monitoring and early warning system based on internet of things technology[J]. Mathematical Problems in Engineering, 2022, (1): 6255277.

[11] 陈亮, 王霄玄. 基于遗传算法的输电线路故障预测和诊断[J]. 数字技术与应用, 2013, (1):108.

[12] 段涛, 罗毅, 施琳, 等. 计及气象因素的输电线路故障概率的实时评估模型[J]. 电力系统保护与控制, 2013, 41 (15): 59-67.

[13] 邹扬. 基于外部环境的架空输电线路故障概率模型研究[D]. 武汉: 华中科技大学, 2015.

[14] 朱斌, 潘玲玲, 邹扬, 等. 考虑融冰因素的输电线路覆冰故障概率计算[J]. 电力系统保护与控制, 2015, (10):79-84.

[15] 何剑, 程林, 孙元章, 等. 条件相依的输变电设备短期可靠性模型[J]. 中国电机工程学报, 2009, 29(7): 39-46.

[16] Shakiba F M, Shojaee M, Azizi S M, et al. Real-time sensing and fault diagnosis for transmission lines[J]. International Journal of Network Dynamics and Intelligence, 2022, 1(1): 36-47.

[17] 文习山, 蓝磊, 蒋日坤. 采用 Markov 模型的输电线路及绝缘子运行风险评估[J]. 高电压技术, 2011, 37(8): 1952-1960.

[18] Guo E F, Jagota V, Makhatha M E, et al. Study on fault identification of mechanical dynamic nonlinear transmission system[J]. Nonlinear Engineering, 2021, 10(1): 518-525.

[19] Saeed A, Li C S, Gan Z H, et al. A simple approach for short-term wind speed interval prediction based on independently recurrent neural networks and error probability distribution[J]. Energy, 2022, 238: 122012.

[20] Choi H, Yun J P, Kim B J, et al. Attention-based multimodal image feature fusion module for transmission line detection[J]. IEEE Transactions on Industrial Informatics, 2022, 18(11): 7686-7695.

[21] 孔雪卉, 张慧芬. 基于优化广义回归神经网络的变电站设备温度预测[J]. 中国电力, 2016, (7):54-59.

[22] Su Q, Mi C, Lai L L, et al. A fuzzy dissolved gas analysis method for the diagnosis of multiple incipient faults in a transformer [J]. IEEE Transactions on Power Systems, 2000, 15(2):593-598.

[23] 王有元, 廖瑞金, 孙才新, 等. 变压器油中溶解气体浓度灰色预测模型的改进[J]. 高电压技术, 2003, 29(4):24-26.

[24] 叶品勇. 基于油中溶解气体分析的变压器故障预测[D]. 南京: 南京理工大学, 2007.

[25] 赵文清, 朱永利, 张小奇. 应用支持向量机的变压器故障组合预测[J]. 中国电机工程学报, 2008, 28(25):14-19.

[26] Liao R J, Bian J P, Yang L J, et al. Forecasting dissolved gases content in power transformer oil based on weakening buffer operator and least square support vector machine—Markov[J]. IET Generation, Transmission & Distribution, 2012, 6(2):142-151.

[27] 廖瑞金, 肖中男, 巩晶, 等. 应用马尔可夫模型评估电力变压器可靠性[J]. 高电压技术, 2010, 36(2):322-328.

[28] Mogos A S, Liang X D, Chung C Y. Distribution transformer failure prediction for predictive maintenance using hybrid one-class deep SVDD classification and lightning strike failures data [J]. IEEE Transactions on Power Delivery, 2023, 38(5): 3250-3261.

[29] Soni R, Mehta B. Evaluation of power transformer health analysis by internal fault criticalities to prevent premature failure using statistical data analytics approach[J]. Engineering Failure Analysis, 2022, 136: 106213.

[30] 黄浩. 基于灰色理论的 220KV 变压器故障气体预测模型[D]. 广州: 广东工业大学, 2014.

[31] 邓聚龙. 灰理论基础[M]. 武汉: 华中科技大学出版社, 2002.

[32] Luo Y H, Cheng Q, Yan S J, et al. Situation awareness method of the distribution network based on EMD-SVD and Elman neural network[J]. Energy Reports, 2022, 8: 632-639.

第 4 章　基于机器学习的超短期新能源发电功率预测方法及应用

4.1　概　　述

以风能发电和太阳能发电为主的新能源发电，其输出功率具有不稳定性及随机波动性。新能源发电系统大规模并入电网后，将给电力系统的运行和控制带来极大的挑战，因此需要迫切开展针对超短期新能源发电功率预测技术的研究。随着人工智能的发展及其与电力系统相关研究的深度融合，基于机器学习的超短期新能源发电功率预测方法得到了广泛应用。

本章将系统介绍新能源发电功率统计学习方法分类、基于即时学习-反向传播神经网络(just-in-time learning-back propagation neural network，JITL-BPNN)算法的短期风电功率预测、基于簇内即时学习策略的短期风电功率预测、基于动态知识蒸馏的短期风电功率预测等内容。通过实时准确地预测新能源发电功率，可以从技术层面逐步提高新能源发电的可测性。根据新能源发电功率的预测结果，通过多种能源协调控制技术手段，能够有效减轻新能源并网对电网安全运行的影响。

4.2　新能源发电功率统计学习方法分类

4.2.1　线性模型

1. 多元线性回归

多元线性回归(multiple linear regression，MLR)是一种经典的回归算法[1]，描述了多个自变量和应变量之间的线性关系。当自变量之间的线性关系较强时，MLR 的解并不是唯一的，可采用岭回归和 Lasso 回归两种变种来解决自变量的共线性问题[2,3]。

2. 时间序列模型

在自然界中绝大部分现象在极短时间内都具有连续性，而时间序列模型就是只利用数据本身在时间上具有的规律来预测未来发生的变化。其主要建模步骤为：时间序列平稳性检验、模型阶次辨识和模型参数辨识。最常用的时间序列模型包括：AR 模型、MA 模型、ARMA 模型和差分自回归滑动平均(auto-regressive integrated moving average，ARIMA)模型[4-6]。作为经典统计学习方法，时间序列模型在风电功率预测领域得到了广泛应用。这类模型的建立较为简单，在超短期及短期预测中对风电功率数据的预测效果较好。因此，在一些研究中，时间序列模型通常作为对比模型，用于验证所提方法的预测性能。

4.2.2　非线性模型

1. 支持向量机

对于线性数据，时间序列模型可以进行较好的拟合和预测。但当风电功率波动较大时，其序列中具有较强的非线性和时变性，时间序列模型通常难以对其具有良好的预测性能。支持向量机(support vector machine，SVM)作为一种主流非线性建模方法，在风电功率预测中得到了广泛应用[7-10]。支持向量机原理图如图 4-1 所示。SVM 的主要思想是：搜索一个最大边距超平面，将样本分成两个类别。SVM 具有严格的数学推理，其以结构经验风险最小为准则，不易陷入局部最优，具有较强的泛化能力，即使在风电样本较少时，也可以具有良好的预测效果。

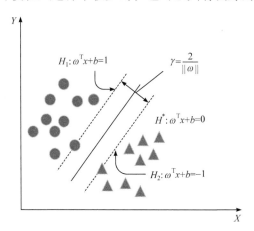

图 4-1　支持向量机原理图

2. 高斯过程回归

高斯过程回归(Gaussian process regression，GPR)是近年来发展较快的另一种基于核函数的有监督学习方法[11]。与 SVM 不同的是，它结合了贝叶斯理论和核方法求解待求解量的后验分布(图 4-2)，将原先的点预测转换为对均值和方差的预测[12,13]。

3. 神经网络

由于风电场数据是不断累积的，样本数量十分庞大，使用 SVM 选取线性核

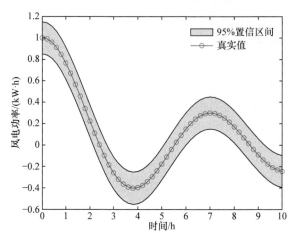

图 4-2　高斯过程回归预测区间示意图

进行预测，难以应对其非线性特征；而选取高斯核、径向基核等非线性核函数，将会消耗大量的储存空间和计算时间，SVM 预测效果过于依赖核函数以及其他参数的选择[14]。人工神经网络(artificial neural network，ANN)是一种模仿人类大脑工作原理的方法，有十分强大的非线性建模能力，可以拟合任意非线性关系，基本由输入层、隐藏层和输出层构成[15]。风电功率与风速以及其他外界因素之间的关系非线性较强，因此 ANN 更适合描述它们之间的复杂关系[16]。目前，在风电功率预测中常见的 ANN 有反向传播神经网络(back propagation neural network，BPNN)、径向基函数神经网络(RBFNN)、RNN、LSTM 神经网络以及卷积神经网络(convolutional neural network，CNN)[17-23]。

　　为了充分使用风电数据中的时序连续性，RNN 用于风电功率建模预测。经典 RNN 结构图如图 4-3 所示。RNN 输入层的信号与上一层隐藏层信号共同输入当前层中，这种结构的设计能够分析输入数据的整体信息。

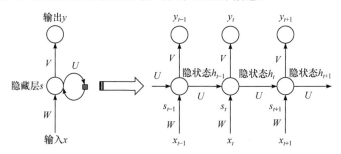

图 4-3　经典 RNN 结构图

4. 组合模型

目前，没有任何一种模型能够保证在不同风电场各种工况下的可靠性能，而独立模型的组合模型具有提高风电功率预测精度的潜力[24]。目前，已有的模型组合方法可以归类为特征选择预测组合、信号分解预测组合、多模型集成预测组合、聚类预测组合、参数优化预测组合或者以上所提组合方法的混合模型[25-34]。通过不同的场景或不同特征的数据可以选择不同的组合方法，从而提高预测效果。

4.3　基于即时学习-反向传播神经网络的短期风电功率预测

在风电功率短期预测领域，早期的基于统计学习的方法包括时间序列法、灰色模型等，这类模型理论较为简单，对于线性场景预测效果较好。随着风电功率数据的累积、预测尺度的增加、数据非线性不断增强，这类线性模型的预测效果难以保证。近年来，随着人工智能的发展，各类人工智能模型对复杂场景的学习能力更强，泛化能力也更好。其中，神经网络模型在图像处理、语音识别、自动驾驶等各种复杂场景下得到了广泛应用，并取得了优异效果。

在风电功率预测中，越来越多的深度学习模型也开始得到广泛应用，但是对于各类模型的预测效果优劣，目前还没有定论。对于不同地点的风电场或同一风电场中不同的风电机组，其地理条件、气象条件、风电机组工况等都不尽相同，风电功率也有不同的特点。传统的离线模型以线下使用历史数据训练模型的方式为主，对一些局部特征关注较少，更多关注的是模型在测试集上的整体预测精度。在实际使用中，随着风电机组的老化、发电场景的变化，固定式的模型难以应对不同的情况。

4.3.1　BPNN

BPNN 是一种根据误差反向传播算法训练的前馈型神经网络，是目前在实际应用中分布最为广泛的神经网络之一。BPNN 主要利用梯度下降的思想，最小化网络输出值与实际值的损失函数。损失函数是指训练过程中衡量真实值和网络输出值之间差值的函数。BPNN 的训练主要包含两个过程，信息前向传播和误差反向传播。在 BPNN 参数初始化以后，根据输入数据和初始参数计算数据向前传播，最后得到输出值；而后通过计算输出值与真实值之间的误差反向传播，从而调整网络参数。最经典的三层 BPNN 由输入层、隐藏层和输出层构成，其拓扑图如图 4-4 所示。

在图 4-4 中，$X = \{x_{ij} \mid i = 1, 2, \cdots, n; j = 1, 2, \cdots, m\}$ 为输入数据，$Y = \{y_i \mid i = 1, 2, \cdots, n\}$ 为对应的输出，m 为输入层神经元的个数，r 为隐藏层神经元的个数，w_{is} 为第 i

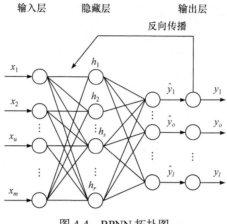

图 4-4　BPNN 拓扑图

个神经元与隐藏层第 s 个神经元的权重参数，$a_j = \sum_{j=1}^{m} w_{js} x_j$ 为隐藏层第 s 个神经元

的输入，h_s^1 为第一层隐藏层第 s 个神经元的输出，$\hat{y}_l = \sum_{l=1}^{r} w_{ol} h_l$ 为输出层第 l 个神

经元的输入，y_l 为第 l 个神经元的输出，隐藏层第 s 个神经元的阈值为 χ_s，输出层第 o 个神经元的阈值为 κ_o。除此之外，每层的神经元节点都有其对应的激活函数，其作用是为每个神经元引入非线性，使网络具有更强大的学习能力，常用的激活函数有 sigmoid、tanh、ReLU、Leaky ReLU、ELU 等，此处选择 sigmoid 作为激活函数。其具体的误差反向传播步骤如下：

1. 计算损失函数

以上样本集可被定义为 $D = \{(x_1, y_1), (x_2, y_2), \cdots, (x_z, y_z), \cdots, (x_n, y_n)\}$，$x_z \in \mathbb{R}^d$，$y_z \in \mathbb{R}^l$ 对应的神经网络输出为 $Y = \{y_1, y_2, \cdots, y_z, \cdots, y_n\}$。若选择均方差作为损失函数，则当 $l = 1$ 时，损失函数可以表示为

$$E = \frac{1}{2} \sum_{i=1}^{n} (\hat{y}_i - y_i)^2 \tag{4-1}$$

2. 参数迭代更新

反向传播主要根据梯度下降法按照负梯度方法对网络参数进行调整，可表示为

$$\begin{cases} \theta = \theta + \Delta\theta \\ \Delta\theta = -\eta \dfrac{\partial E}{\partial \theta} \end{cases} \tag{4-2}$$

式中，η 为学习率，通常为 $0\sim1$。

3. 输出层阈值梯度

根据链式法则，可得输出层梯度为

$$\frac{\partial E}{\partial \kappa} = \frac{\partial E}{\partial \hat{y}} \cdot \frac{\partial \hat{y}}{\partial \kappa} \tag{4-3}$$

式中，$\dfrac{\partial E}{\partial \hat{y}} = \hat{y} - y$ ；$\dfrac{\partial \hat{y}}{\partial \kappa} = -\hat{y}(1-\hat{y})$。

因此，可得

$$\frac{\partial E}{\partial \kappa} = \hat{y}(1-\hat{y})(y-\hat{y}) \tag{4-4}$$

4. 隐藏层传播到输出层权重的梯度

$$\frac{\partial E}{\partial w_{1j}} = \frac{\partial E}{\partial \hat{y}} \cdot \frac{\partial \hat{y}}{\partial b_j} \cdot \frac{\partial b_j}{\partial w_{1j}} \tag{4-5}$$

式中，$\dfrac{\partial E}{\partial \hat{y}_l} = \hat{y}_l - y_l$ ；$\dfrac{\partial \hat{y}_l}{\partial b_j} = \hat{y}_l(1-\hat{y}_l)$ ；$\dfrac{\partial b_j}{\partial w_{1j}} = b_o$。

因此，可得

$$\frac{\partial E}{\partial w_{1j}} = -\hat{y}_l(1-\hat{y}_l)(y_l - \hat{y}_l)b_o \tag{4-6}$$

5. 隐藏层阈值梯度

隐藏层阈值梯度为

$$\frac{\partial E}{\partial \chi_s} = \frac{\partial E}{\partial h_s}\frac{\partial h_s}{\partial \chi_s}$$

同上，可得

$$\frac{\partial E}{\partial \chi_s} = h_s(1-h_s)\hat{y}(1-\hat{y})(y-\hat{y})w_s \tag{4-7}$$

再联立参数更新迭代式可得每次网络神经元权重和阈值梯度及其更新量，从而实现 BPNN 的训练。

目前，大多数机器学习或深度学习方法都是基于梯度下降法来优化模型的，n 表示样本集个数，梯度下降法的梯度可定义为

$$\nabla E_{gd}(\theta) = \frac{1}{n}\sum_{i=1}^{n}\nabla E(f(x_i,\theta), y_i) \tag{4-8}$$

经典梯度下降法在更新参数前需要计算所有样本的损失，然后取均值作为本次损失。这种方式更关注全局损失，而在线建模需要捕捉局部特征，因此采取随机梯度下降法，可定义为

$$\nabla E_{sgd}(\theta) = \frac{1}{k}\sum_{i=1}^{k}\nabla E\big(f(x_i,\theta),y_i\big) \tag{4-9}$$

式中，k 为随机采样个数。

通常来说，在随机梯度下降法中，$k=1$。但在实际情况中，使用更多的是小批量梯度下降(ini-batch gradient descent，ini-batch GD)法，即迭代时每一代随机选择 k 个样本的平均损失作为本次损失[35]。

对于风电功率在线学习，随机选择样本无法反映当前样本的特征。因此，接下来提出一种 ini-batch GD 法的样本选择策略。

4.3.2 即时学习框架

即时学习是一种在线学习策略，其主要思想是：相似输入产生相似输出。其主要策略是当查询样本来临时，根据查询样本在历史数据中选择相似样本在线建模，在下一个查询样本来临时将会丢弃当前模型，再根据下一个建模样本选择相似建模样本进行建模。全局建模与局部建模的原理图分别如图 4-5 和图 4-6 所示。传统的学习方法是事先将历史累积数据分割为训练集和测试集，直接对所有历史数据进行建模。局部建模的主要思想是：根据线上数据反馈的信息，实时快速地对模型进行调整，使其能够及时地应对线上所发生的变化，具体来说，当待估样本来临时，首先在历史数据中通过相似指标选择建模样本，之后对所选样本进行建模预测，当预测完成时，将模型直接丢弃，下一个待估样本来临时重新建模。

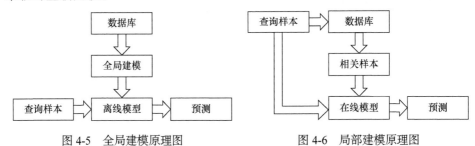

图 4-5　全局建模原理图　　　　　　图 4-6　局部建模原理图

欧氏距离(Euclidean distance，ED)是一种最为常用的衡量样本相似的指标，查询样本 x_q 与 x_i 之间的欧氏距离可表示为

$$d_{i,\text{ED}}(x_i,x_q) = \sqrt{\sum_{j=1}^{m}\big(x_{ij}-x_{qj}\big)^2} \tag{4-10}$$

式中，$d\left(x_i, x_q\right)$ 值代表了两样本之间的相似度，其值越小，表示两样本越相似。

根据相似度，按照从小到大排序，排序后的样本为

$$\left\{x_1, x_2, \cdots, x_k, \cdots, x_{k_{\max}}\right\}, d_{1,\mathrm{ED}} \leqslant d_{2,\mathrm{ED}} \leqslant \cdots \leqslant d_{k,\mathrm{ED}} \leqslant \cdots \leqslant d_{k_{\max},\mathrm{ED}} \tag{4-11}$$

式中，$k_{\max}$ 为所选最大相似样本数量；$\left\{x_1, x_2, \cdots, x_k, \cdots, x_{k_{\max}}\right\}$ 为所选建模样本。

基于 JITL-BPNN 的风电功率预测方法流程图如图 4-7 所示。

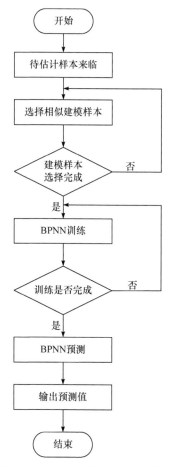

图 4-7　基于 JITL-BPNN 的风电功率预测方法流程图

4.4　基于簇内即时学习策略的短期风电功率预测

4.3 节主要介绍了基于 JITL-BPNN 的短期风电功率预测，相比于 LSTM 及 GPR 两种基于离线建模的预测方法，在线学习可以有效提高预测精度，但对数据

的局部特征不够关注。对于基于统计学的方法，不同训练集的选择将会直接决定模型的性能。相似的输入产生相似的输出，如果能够准确选择训练样本的特征，那么输入变量和输出变量之间的关系可以被准确描述。风电本身具有极强的波动性和不稳定性，不同时刻的风电数据差异巨大，但在时间上具有连续性及动态性，4.3 节在进行相似样本选择时的搜索范围是全局历史数据，只考虑了每两个样本间的相似性，不具有风电的动态特征。本节使用的影响因素与风电功率映射的建模方法无法反映风电功率本身的动态性。针对这个问题，使用连续风速聚类样本分类方法非常有效。在风电功率预测领域，将不同风速变化趋势的历史样本进行聚类，再对所要预测的时间段进行分类后使用对应的模型预测，能够充分利用历史数据中与所要预测的时间段变化情况相似的特征，有效提高预测精度。但是，聚类后的每个簇只保留了各自的主要特征，并不能完整体现样本的趋势性。

4.4.1　DBSCAN 聚类法

DBSCAN(density-based spatial clustering of applications with noise)是一种基于密度聚类的聚类法，其主要思想是根据邻域样本紧密程度来划分不同的类别[36]。该算法不需要事先指定聚类数目，仅需要通过参数 ε 和 MinPts 描述样本分布的紧密程度。其中，ε 表示样本邻域距离阈值，MinPts 表示在距离为 ε 的邻域内，样本数量的最小阈值。DBSCAN 的几种重要概念可以描述如下。

(1) ε 邻域：对于样本 $x_i \in X$，该样本在 X 中距离不大于 ε 的子样本集为 $N_{\varepsilon}(x_i) = \left\{ x_j \in X \mid d(x_j, x_i) \leqslant \varepsilon \right\}$，其个数记为 $\left| N_{\varepsilon}(x_i) \right|$。

(2) 核心对象：若 $\left| N_{\varepsilon}(x_i) \right| \geqslant \mathrm{MinPts}$，则称 x_i 为核心样本，Ω 为核心对象集。

(3) 密度直达：若 x_j 在 x_i 的 ε 邻域中，且 x_i 是核心对象，则称 x_j 由 x_i 密度直达。

(4) 密度可达：对于 x_j 和 x_i，若存在样本序列 $p_1, p_2, p_3, \cdots, p_T$ 满足 $p_1 = x_j$，$p_T = x_i$，且 p_{t+1} 由 p_t 密度直达，则称 x_i 由 x_j 密度可达。

(5) 密度相连：对于 x_j 和 x_i，若存在核心样本 x_k 使 x_j 和 x_i 密度可达，则称 x_j 和 x_i 密度相连。

由上述概念可知，DBSCAN 搜索过程如图 4-8 所示。

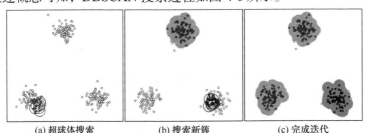

(a) 超球体搜索　　　　(b) 搜索新簇　　　　(c) 完成迭代

图 4-8　DBSCAN 搜索过程

由图 4-8 可知，DBSCAN 的主要思想是：先对任意一个没有类别的核心对象搜索密度可达的样本集，该样本集构成一个簇，之后再选择另一个没有类别的核心对象继续搜索，直到所有的核心对象都有对应的簇。

DBSCAN 聚类过程中邻域参数 ε、MinPts 的选取将会直接影响到聚类的结果。ε 值设置得过小，会造成大部分数据无法聚类，ε 值设置得过大，会将大部分数据归并到同一个类中。MinPts 值设置得过小，会导致一些稀疏簇中某些数据被认为是边界，从而不利于该类的扩展；MinPts 值设置得过大，会导致较为邻近的簇合并为同一个簇。因此，选择合适邻域参数的重要性不言而喻。ε 的值可以通过 k 距离(k-distance)曲线图获取，在 k 距离曲线图中拐点最大位置所对应的参数即为 ε 的值。k 距离曲线可通过 k 距离矩阵获得[37]，其定义为

$$\mathrm{Dist}_{n\times n}=\left\{D\left(x_i,x_j\right),1\le i\le n,1\le j\le n\right\} \tag{4-12}$$

式中，$D(\cdot)$ 为距离函数，通常为欧氏距离。

计算出该矩阵后，把行向量按升序排列，从而获得每个样本到其他最近样本的距离排序，选择其变化最快点所对应的 ε 值即可。对于上述所选 ε，计算出每个样本 ε 邻域中的样本数，该样本数代表其样本密度，求其均值即为 MinPts 最优参数[38]。

4.4.2　考虑趋势性的度量指标

本小节采用欧氏距离衡量样本距离，$D(\cdot)$ 值代表了两样本间的相似度，其值越小，表示两样本越相似。尽管欧氏距离可以衡量两样本之间的距离相似度，但对于风速这种时间序列数据，距离相似度并不能完整地描述两样本间的趋势相似性。夹角余弦是一种衡量样本间形状相似性的方法，可以表示为

$$\delta(x_i,x_q)=\frac{\sqrt{\sum_{j=1}^{m-1}\left[\xi\left(x_{ij}\right)-\xi\left(x_{qj}\right)\right]^2}}{\pi\times(m-1)} \tag{4-13}$$

式中，$\xi\left(x_{ij}\right)=\left[\arccos\left(\angle\left(x_{i2},x_{i1}\right)\right),\cdots,\arccos\left(\angle\left(x_{ik},x_{i(k-1)}\right)\right)\right]$ 为序列中两点之间的余弦值，阶段性趋势变化可以表示为

$$\arccos\left(\angle\left(x_{i2},x_{i1}\right)\right)=\begin{cases}\arccos\left[\dfrac{\Delta t}{\sqrt{\left(\Delta t\right)^2+\left(x_{i2}-x_{i1}\right)^2}}\right], & x_{i2}\ge x_{i1}\\[4mm]-\arccos\left[\dfrac{\Delta t}{\sqrt{\left(\Delta t\right)^2+\left(x_{i2}-x_{i1}\right)^2}}\right], & x_{i2}<x_{i1}\end{cases} \tag{4-14}$$

式中，Δt 为最小采样间隔，通常 $\Delta t=1$。

本节结合两种相似度指标，提出一种考虑趋势相似性的指标，可以表示为

$$D_{\text{ED-cos}}\left(x_i,x_q\right)=\alpha\left[1-\exp\left(-D\left(x_i,x_q\right)\right)\right]+(1-\alpha)\delta\left(x_i,x_q\right) \tag{4-15}$$

式中，$\alpha\in[0,1]$ 为权重；$D_{\text{ED-cos}}(\cdot)$ 值越小，表示两样本越相似。

为了说明不同的相似指标会带来不同的相似样本，给定一组时间序列 $X=\{x_1,x_2,x_3\}$，三组时间序列的相似性图如图 4-9 所示。

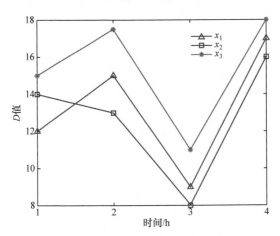

图 4-9　三组时间序列的相似性图

在图 4-9 中，$x_1=[12,15,9,17]$，$x_2=[14,13,8,16]$，$x_3=[15,17.5,11,18]$，其相互之间的相似度如表 4-1 所示。从表中可以看出，x_1 和 x_2 的欧氏距离为 3.1623，相比于 x_1 和 x_3 更接近。但 x_1 和 x_3 的余弦距离为 0.0066(此处 $\alpha=0.3$)，在形状上更为接近。最终综合两项指标判定，x_1 与 x_3 更加相似。

表 4-1　三组时间序列的相似度

序列	$d(\cdot)$	$\delta(\cdot)$	$D(\cdot)(\alpha=0.3)$
x_1,x_2	3.1623	0.2159	0.4384
x_1,x_3	4.5000	0.0066	0.3013

为了提高风电功率预测的精度，本章利用一种基于 DBSCAN 聚类的 JITL-LSTM 的风电功率预测模型，其原理图如图 4-10 所示。

(1) 采用 DBSCAN 将历史数据聚类成 m 个不同的簇，并对簇 1 至簇 m 分别进行建模，与之对应的模型为模型 1 至模型 m。

(2) 计算查询样本与每个簇簇心(即簇均值)的距离，选择最近距离的簇心所对应的簇作为最优簇。

(3) 将查询样本在最优簇中按照 JITL 方法选择相似样本建模。

(4) 待预测样本输入模型预测。

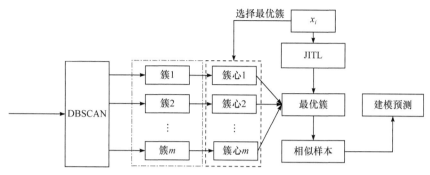

图 4-10　基于簇内即时学习策略的风电功率预测模型原理图

4.5　基于动态知识蒸馏的短期风电功率预测

4.4 节主要介绍了局部模型的风电功率在线建模方法，将风电样本聚类成具有不同特征的簇，当预测样本来临时，在簇内进行相似样本选择，从而实现在线建模预测。但是对于在线预测方法，每次重新建模所需要的计算时间较长，并且随着数据的不断累积，建模时间也随之增长，与其实时性要求较高的特点相悖。因此，在线建模方法中，如何将建模时间压缩到较低的范围成为一个亟须解决的问题。

知识蒸馏模型可以用于模型压缩，将大型模型轻量化，但需要保持相当的精度。模型轻量化主要是指减少模型的参数量，尽量降低模型的复杂度。本章基于知识蒸馏模型，提出一种随机教师模型，将 4.4 节中 DBSCAN 聚类后每个簇所对应的模型作为教师模型，将簇内的在线学习模型作为学生模型；利用教师模型的预测值随机指导学生模型，利用教师模型的信息加速学生模型的训练，使其快速收敛，从而在不损失较大精度的情况下提高在线学习效果。

4.5.1　动态知识蒸馏模型

知识蒸馏(knowledge distillation)是一种模型压缩方法。其初衷是解决复杂任务下，大型模型性能出色，但难以在合理时间内计算出结果，而且难以部署到生产环境中的难题。其主要思想是，对于复杂任务，先利用一个大型网络训练并取得优秀的效果，此网络称为教师模型。教师模型所学习的信息称为知识；再利用教师模型去训练一个在不损失较大性能的情况下尽可能小的网络，称为学生模型。

其原始模型是针对分类问题提出的。通过 softmax 函数将输出层以概率的形

式输出，使学生模型获得更多的信息，称为硬目标(hard target)[39]。softmax 函数的定义为

$$q_i = \frac{\exp(z_i)}{\sum\limits_j \exp(z_j)} \tag{4-16}$$

式中，q_i 为学生模型认为是第 i 类的概率值；z_i 为学生模型认为是第 i 类的逻辑值。

由于 softmax 函数的概率分布熵相对较小，负标签的概率都接近于 0，当直接使用 softmax 函数输出值作为目标时，对损失函数的贡献较小，因此这里提出与温度变量 T 相结合，称为软目标(soft target)[40]，softmax 函数可被改进为

$$q_i^T = \frac{\exp\dfrac{z_i}{T}}{\sum\limits_j \exp\dfrac{z_j}{T}} \tag{4-17}$$

硬目标与软目标概率分布图如图 4-11 所示。

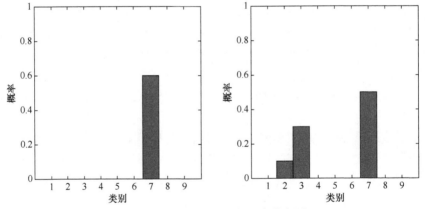

图 4-11　硬目标与软目标概率分布图

由图 4-11 可知，经典的训练方式只关注正标签信息，而忽略负标签信息。知识蒸馏采用温度变量 T 来引入负标签信息，从而使每个样本给学生模型带来更多的信息量。这也是该方法称为知识蒸馏的原因。知识蒸馏原理图如图 4-12 所示。

其损失函数由两部分组成，定义为

$$L = \beta L_{\text{soft}} + (1-\beta) L_{\text{hard}} \tag{4-18}$$

式中，$L_{\text{soft}} = -\sum\limits_j^n p_j^T \log(q_j^T)$ 为教师模型与学生模型之间损失的交叉熵(cross entropy)，称为软损失，q_j^T 为学生模型的改进 softmax 函数，p_j^T 为教师模型的改进 softmax 函数，n 为样本量；$L_{\text{hard}} = -\sum\limits_j^n c_j \log(q_j^T)$ 为学生模型与真实值之间损失

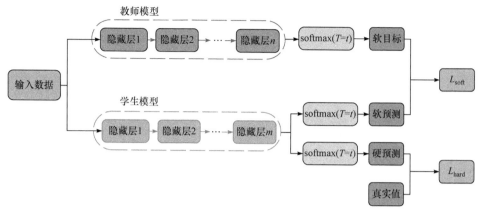

图 4-12　知识蒸馏原理图

的交叉熵，也称为硬损失。虽然教师模型通过了大量数据训练，但难免会有出错的可能，因此损失函数结合两部分，既参考了教师模型的知识，也学习了真实样本的信息。

最初知识蒸馏应用于分类问题中，但除了分类问题以外，多数问题属于回归问题。与分类问题不同，回归问题的输出是连续无界变量，而不是离散变量，教师模型无法向学生模型提供负标签概率信息。针对回归问题，定义一种新型损失函数，即

$$L_{reg} = L_{sL2}(y_s, y) + \lambda L_b(y_s, y_t, y) \tag{4-19}$$

式中，y_s 为学生模型的预测值；y 为真实值；y_t 为教师模型的预测值；$L_{sL2}(\cdot)$ 为 L2 范数；λ 为权重变量；$L_b(y_s, y_t, y)$ 的定义为

$$L_b(y_s, y_t, y) = \begin{cases} \|y_s - y\|_2^2, & \|y_s - y\|_2^2 + m > \|y_t - y\|_2^2 \\ 0, & \text{其他} \end{cases} \tag{4-20}$$

式中，m 为阈值，只有当学生模型的损失远优于教师模型时，损失函数 L 才为学生模型本身的 L2 范数，否则将对学生模型做出惩罚，加大损失。

结合所提模型，簇内即时学习策略的模型蒸馏，既要保证模型精度以及训练速度，又要保证即时学习策略下的局部完整性。此外，教师模型代表的是每个簇各自的主要特征，并不能完整描述簇内的每个样本，而 m 用来调控学生模型是否接受教师模型的指导，因此 m 的选取将会决定模型蒸馏的效果。本节提出一种改进损失函数，其定义为

$$L_b'(y_s, y_t, y) = \begin{cases} \|y_s - y\|_2^2, & \|y_s - y\|_2^2 + f(D_{ED\text{-}cos}) > \|y_t - y\|_2^2 \\ 0, & \text{其他} \end{cases} \tag{4-21}$$

式中，$f(D_{\text{ED-cos}})$ 为当前待预测样本与当前簇心之间相似度的函数，此处选取为动态阈值，可表示为

$$f\left(D_{\text{ED-cos}}\right)=\left(m_{\max}-m_{\min}\right)(1-D_{\text{ED-cos}})+m_{\min} \tag{4-22}$$

式中，$m_{\max}$、$m_{\min}$ 分别为 m 的上界和下界，取值为 0~1；$D_{\text{ED-cos}}$ 可由式(4-15)求出，其计算的是当前待预测样本与当前簇心的相似度，相似度越高，学生模型接受教师模型指导的可能性越大，即教师模型只把当前自己较为熟悉的知识教给学生模型。

4.5.2　基于动态知识蒸馏的风电功率预测模型

为了提高在线风电功率局部建模的速度，基于动态知识蒸馏的风电功率即时局部建模流程图如图 4-13 所示。

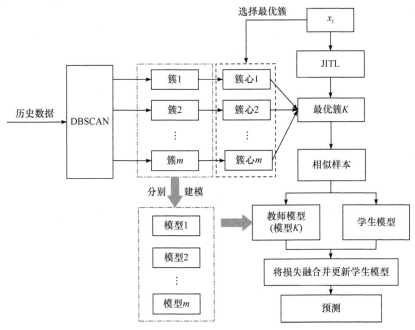

图 4-13　基于动态知识蒸馏的风电功率即时局部建模流程图

(1) 采用 DBSCAN 将历史数据聚类成 m 个不同的簇，并对簇 1 至簇 m 分别建模，与之对应的模型为模型 1 至模型 m。

(2) 计算查询样本与每个簇的簇心(即簇均值)的距离，选择最近距离的簇心所对应的簇作为最优簇。

(3) 将查询样本在最优簇中按照 JITL 方法选择相似样本。

(4) 将相似样本分别输入教师模型及学生模型，结合软目标及真实标签的混合损失训练学生模型。

(5) 将待预测样本输入学生模型进行预测。

4.6 本 章 小 结

本章首先介绍了新能源发电功率线性模型和非线性模型，其中线性模型在超短期及短期预测中对风电功率数据的预测效果较好。随着风电功率数据的累积、预测尺度的增加，数据非线性不断增强，线性模型的预测效果难以保证，越来越多的深度学习非线性模型得到应用。离线式的全局模型建立后往往相对固定，更新较为困难，难以应对动态变化的风电数据。为了提高模型的自适应能力，提出了一种基于即时学习策略与反向传播神经网络的局部建模方法。基于风电场真实历史数据，先使用四分位法对风电异常数据进行剔除并将剔除值补齐，使用基于即时学习策略的反向传播神经网络模型对风电数据建模，并与长短期记忆神经网络及高斯过程回归进行对比。接着考虑趋势性的度量指标，利用密度聚类 DBSCAN 聚类法，根据邻域样本紧密程度来划分不同风速变化趋势，建立基于簇内即时学习策略的风电功率预测模型进行在线预测。最后，为解决不断累积增长的建模时间与实时性要求的矛盾，提出了知识蒸馏模型用于模型压缩，在模型轻量化的基础上，设计了提高在线风电功率局部建模速度的基于知识蒸馏的风电功率即时预测模型。

参 考 文 献

[1] 张景阳, 潘光友. 多元线性回归与 BP 神经网络预测模型对比与运用研究[J]. 昆明理工大学学报(自然科学版), 2013, 38(6): 61-67.

[2] 邱明, 鲁冠军, 吴昊天, 等.基于数据清洗与组合学习的光伏发电功率预测方法研究[J].可再生能源, 2020, 38(12): 1583-1589.

[3] 何耀耀, 秦杨, 杨善林. 基于 LASSO 分位数回归的中期电力负荷概率密度预测方法[J]. 系统工程理论与实践, 2019, 39(7): 1845-1854.

[4] Singh S N, Mohapatra A. Repeated wavelet transform based ARIMA model for very short-term wind speed forecasting[J]. Renewable Energy, 2019, 136: 758-768.

[5] Yatiyana E, Rajakaruna S, Ghosh A. Wind speed and direction forecasting for wind power generation using ARIMA model[C].2017 Australasian Universities Power Engineering Conference, Melbourne, 2017: 1-6.

[6] Tian S X, Fu Y, Ling P, et al. Wind power forecasting based on ARIMA-LGARCH model[C].2018 International Conference on Power System Technology, Guangzhou, 2018: 1285-1289.

[7] Zhang Y, Wang P, Ni T, et al. Wind power prediction based on LS-SVM model with error correction[J]. Advances in Electrical and Computer Engineering, 2017, 17(1): 3-8.

[8] Zhu Z M, Zhou D D, Fan Z. Short term forecast of wind power generation based on SVM with pattern matching[C]. 2016 IEEE International Energy Conference, Leuven, 2016: 1-6.

[9] Sun S Z, Fu J Q, Li A, et al. A new compound wind speed forecasting structure combining multi-kernel LSSVM with two-stage decomposition technique[J]. Soft Computing, 2021, 25(2): 1479-1500.

[10] 黄星, 于惠钧, 龚星宇, 等. 基于 PSO-GA-SVM 的风电功率短期预测[J]. 电工技术, 2020,(6): 34-36, 43.

[11] 张颖超, 郭晓杰, 邓华. 一种基于改进 GPR 和 Bagging 的短期风电功率组合预测方法[J].电力系统保护与控制, 2016, 44(23): 46-51.

[12] Alamaniotis M, Karagiannis G. Minute ahead wind speed forecasting using a Gaussian process and fuzzy assimilation[C].2019 IEEE Milan PowerTech,Milan, 2019: 1-6.

[13] Zhang C, Wei H K, Zhao X, et al. A Gaussian process regression based hybrid approach for short-term wind speed prediction[J]. Energy Conversion and Management, 2016, 126: 1084-1092.

[14] Feizizadeh B, Roodposhti M S, Blaschke T, et al. Comparing GIS-based support vector machine kernel functions for landslide susceptibility mapping[J]. Arabian Journal of Geosciences, 2017, 10(5): 122.

[15] Kariniotakis G N, Stavrakakis G S, Nogaret E F. Wind power forecasting using advanced neural networks models[J]. IEEE Transactions on Energy Conversion, 1996, 11(4): 762-767.

[16] Hornik K, Stinchcombe M, White H. Multilayer feedforward networks are universal approximators[J]. Neural Networks, 1989, 2(5): 359-366.

[17] Catalao J P S, Pousinho H M I, Mendes V M F. An artificial neural network approach for short-term wind power forecasting in Portugal[C].2009 15th International Conference on Intelligent System Applications to Power Systems, Curitiba, 2009: 1-5.

[18] Shi J, Ding Z H, Lee W J, et al. Hybrid forecasting model for very-short term wind power forecasting based on grey relational analysis and wind speed distribution features[J]. IEEE Transactions on Smart Grid, 2014, 5(1): 521-526.

[19] Barbounis T G, Theocharis J B, Alexiadis M C, et al. Long-term wind speed and power forecasting using local recurrent neural network models[J]. IEEE Transactions on Energy Conversion, 2006, 21(1): 273-284.

[20] Greff K, Srivastava R K, Koutnik J, et al. LSTM: A search space odyssey[J]. IEEE Transactions on Neural Networks and Learning Systems, 2016, 28(10): 2222-2232.　.

[21] Han L, Zhang R C, Wang X S, et al. Multi-step wind power forecast based on VMD-LSTM[J]. IET Renewable Power Generation, 2019, 13(10): 1690-1700.

[22] Hong Y Y, Rioflorido C L P P. A hybrid deep learning-based neural network for 24-h ahead wind power forecasting[J]. Applied Energy, 2019, 250: 530-539.

[23] Wu Q Y, Guan F, Lv C, et al. Ultra-short-term multi-step wind power forecasting based on CNN-LSTM[J]. IET Renewable Power Generation, 2021, 15(5):1019-1029.

[24] Shi J, Ding Z H, Lee W J, et al. Hybrid forecasting model for very-short term wind power forecasting based on grey relational analysis and wind speed distribution features[J]. IEEE Transactions on Smart Grid, 2014, 5(1): 521-526.

[25] 李俊卿, 李秋佳, 石天宇, 等.基于数据挖掘的风电功率预测特征选择方法[J]. 电测与仪表, 2019, 56(10): 87-92.

[26] Zhang X, Yang J, Zhang X. Dynamic economic dispatch incorporating multiple wind farms based

on FFT simplified chance constrained programming[J]. Journal of Zhejiang University, 2017, 51(5): 976-983.

[27] Liu Y, Guan L, Hou C, et al. Wind power short-term prediction based on LSTM and discrete wavelet transform[J]. Applied Sciences, 2019, 9(6): 1108.

[28] Abedinia O, Lotfi M, Bagheri M, et al. Improved EMD-based complex prediction model for wind power forecasting[J]. IEEE Transactions on Sustainable Energy, 2020, 11(4): 2790-2802.

[29] Shi J, Wang L H, Lee W J, et al. Hybrid Energy Storage System(HESS) optimization enabling very short-term wind power generation scheduling based on output feature extraction[J]. Applied Energy, 2019, 256: 113915.

[30] 武小梅, 林翔, 谢旭泉, 等. 基于 VMD-PE 和优化相关向量机的短期风电功率预测[J]. 太阳能学报, 2018, 39(11): 3277-3285.

[31] 张晓英, 张晓敏, 廖顺, 等. 基于聚类与非参数核密度估计的风电功率预测误差分析[J]. 太阳能学报, 2019, 40(12): 3594-3604.

[32] 彭晨宇, 陈宁, 高丙团. 结合多重聚类和分层聚类的超短期风电功率预测方法[J]. 电力系统自动化, 2020, 44(2): 173-180.

[33] 江岳春, 张丙江, 邢方方, 等. 基于混沌时间序列 GA-VNN 模型的超短期风功率多步预测[J]. 电网技术, 2015, 39(8): 2160-2166.

[34] Goyal P, Dollár P, Girshick R, et al. Accurate, large minibatch sgd: Training imagenet in 1 hour[J]. arXiv preprint arXiv:1706.02677, 2017.

[35] Ma L, Luan S Y, Jiang C W, et al. A review on the forecasting of wind speed and generated power[J]. Renewable and Sustainable Energy Reviews, 2009, 13(4): 915-920.

[36] 宋金玉, 郭一平, 王斌. DBSCAN 聚类算法的参数配置方法研究[J]. 计算机技术与发展, 2019, 29(5): 44-48.

[37] 陈寿宏, 易木兰, 张雨璇, 等. 基于优化 DBSCAN 聚类算法的晶圆图预处理[J]. 控制与决策, 2021, 36(11): 2713-2721.

[38] Asami T, Masumura R, Yamaguchi Y, et al. Domain adaptation of DNN acoustic models using knowledge distillation[C].2017 IEEE International Conference on Acoustics, Speech and Signal Processing, New Orleans, 2017: 5185-5189.

[39] Lin K W E, Balamurali B T, Koh E, et al. Singing voice separation using a deep convolutional neural network trained by ideal binary mask and cross entropy[J]. Neural Computing and Applications, 2020, 32(4): 1037-1050.

[40] Choi W, Chandraker M, Chen G, et al. Learning efficient object detection models with knowledge distillation: US15908870[P].US20180268292A1[2024-07-22].

第5章 基于智能预测的发电机组优化调度策略及应用

5.1 概 述

新能源发电机组的比例增加带来更多的不确定性出力和更高成本的储能设备。基于人工智能的预测方法，利用其强大的非线性建模能力提高新能源出力和储能寿命预测的准确性，在优化调度中对保障发电机组的安全经济运行有积极作用。

储能电池运行过程中存在的能量损耗和寿命损耗会降低虚拟电厂优化调度的经济效益，缩短储能系统的寿命。造成电池衰退的特征因素有很多，且与寿命之间呈非线性不确定关系，基于物理模型的方法不适用。在历史经验数据的驱动下，基于智能预测的方法不需要深入了解电池内部的化学变化和失效机理，而是通过分析测试数据，深度挖掘其中的隐含信息，建立电池损耗模型进行寿命预测。在建立的电池损耗模型的基础上，分析其对虚拟电厂优化调度决策的影响，进而可以提高电池储能系统的使用寿命。

另外，由于风能的波动性和间歇性，当大规模风电接入电网时，会使系统断面功率随风电机组出力变化出现较大的波动，对电网的安全稳定运行造成影响。提高风电机组出力预测精准度，可以超前调整发电机组出力，使断面功率处于安全范围内，从而保证系统稳定运行。预测风电机组功率的前提是预测风速，而风速时间序列具有非线性和非平稳性等特点，传统预测模型往往不稳定，而且是浅层学习模式，预测效果不好。基于深度学习的智能预测方法具有发现数据中固有抽象特征和隐藏不变结构的能力，能够在短期以及超短期的时间段内实现高精度功率预测。通过准确预测风电机组出力和火电机组的计划出力曲线，当输电断面发生越限时，能够及时对机组出力计划进行调整，以使系统运行于安全状态。

其次，由于新能源比例提高、交直流混联的新型系统下机组组合问题规模变大、时段耦合性变强，机组组合的传统分支定界方法存在维数灾难问题。通过构建安全机组组合图计算模型和图优化框架以及不确定环境下省级交直流混联电网安全稳定运行约束集合，研究机组组合高效生成技术与约束智能松弛技术，实现高比例新能源、交直流混联超大规模电网机组组合快速计算技术，为电网其他大规模离散优化提供借鉴和支持。

5.2　计及电池损耗及寿命预测的虚拟发电厂优化调度策略

5.2.1　电池损耗模型及其寿命预测

固有的物理特性和化学特性使得虚拟发电厂中的电池储能系统在充放电过程中存在着寿命缩短、能量损失等现象，由此引发了不可避免的寿命和能量损耗。另外，电池储能系统在日常使用过程中也会产生运行成本和维护成本。这些损耗和成本将降低虚拟发电厂的收益，因此对电池损耗进行模型分析，能够设计更加具有经济效益的调度策略，并且延长电池储能系统的寿命。

本小节所构建的虚拟发电厂的储能系统由铅酸电池和镍氢电池组成，考虑到这两种电池的技术已非常成熟且使用的经验知识也很充足，另外虚拟发电厂运营商也有经济效益和计算效率的要求，本小节采用基于经验的循环周期数法和加权千瓦时法对虚拟发电厂中的电池储能系统进行损耗建模和寿命预测。

对电池造成损耗的影响因素有很多，如放电深度(depth of discharge，DoD)、环境温度、放电电流等。通常情况下，电池储能系统都装配了热调节系统和 DoD 偏差控制器，以对其寿命进行管理。大部分已有文献在包含电池储能系统的调度问题中只考虑了 DoD[1,2]，为了更好地理解和分析电池损耗成本对虚拟发电厂最优调度的影响，本小节在最坏情况下(热管理系统和 DoD 偏差控制器均失效)考虑 DoD 和环境温度这两个影响因素，提出一种新的基于循环周期数法的电池损耗模型。

本小节将电池放电深度定义为

$$\text{DoD} = 1 - \frac{g_v}{g_{v\max}} \tag{5-1}$$

式中，g_v 为当前存储在电池中的电能；$g_{v\max}$ 为电池的最大储能容量。

假设虚拟发电厂的电池储能系统由铅酸电池和镍氢电池组成。结合电池生产厂商提供的数据手册，可以通过数值分析仿真软件的曲线拟合工具得出铅酸电池和镍氢电池的 DoD 与循环寿命之间的关系，分别表示为式(5-2)和式(5-3)。

$$L_{\text{lead-acid}} = a\text{DoD}_{\text{lead-acid}} + b \tag{5-2}$$

式中，a 和 b 为铅酸电池循环寿命关于 DoD 的相关系数，本节取 $a=-4230$、$b=4332$；$L_{\text{lead-acid}}$ 和 $\text{DoD}_{\text{lead-acid}}$ 分别为铅酸电池的循环寿命和 DoD。

$$L_{\text{NiMH}} = \beta_0 \left(\frac{\text{DoD}_{\text{ref}}}{\text{DoD}_{\text{NiMH}}} \right)^{\beta_1} \exp\left[\beta_2 \left(1 - \frac{\text{DoD}_{\text{NiMH}}}{\text{DoD}_{\text{ref}}} \right) \right] \tag{5-3}$$

式中，β_0、β_1 和 β_2 为镍氢电池循环寿命关于 DoD 的相关系数；DoD_{ref}、DoD_{NiMH} 和 L_{NiMH} 分别为镍氢电池的额定 DoD、DoD 和循环寿命。通过曲线拟合得到 $\beta_0 =$

1400、$\beta_1 = 0.886$、$\beta_2 = -0.3997$。

铅酸电池和镍氢电池的使用环境温度与循环寿命的关系可以由实验数据和曲线拟合方法得到，分别如式(5-4)和式(5-5)所示。

$$L_{\text{lead-acid}} = k \exp(\alpha T) \tag{5-4}$$

式中，k 和 α 为铅酸电池循环寿命关于环境温度的相关系数，本节取 $k=3291$、$\alpha = -0.05922$；$L_{\text{lead-acid}}$ 和 T 分别为铅酸电池的实际循环寿命和摄氏温度。

$$L_{\text{NiMH}} = aT^3 + bT^2 + cT + d \tag{5-5}$$

式中，a、b、c、d 为镍氢电池循环寿命关于环境温度的相关系数，取 $a=0.002424$、$b=0.4879$、$c=6.742$、$d=1524$；L_{NiMH} 和 T 分别为镍氢电池的实际循环寿命和摄氏温度。

以镍氢电池为例，其使用环境温度以及 DoD 与镍氢电池循环寿命之间的关系如图 5-1 所示。从图中可以看出，镍氢电池的循环寿命与 DoD 以及环境温度都

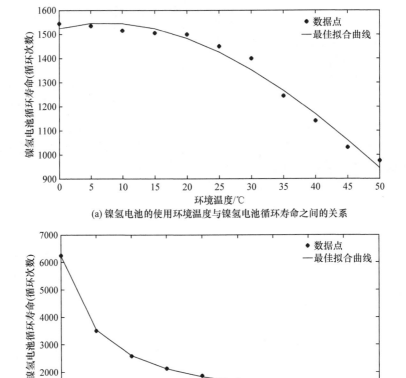

(a) 镍氢电池的使用环境温度与镍氢电池循环寿命之间的关系

(b) 镍氢电池的DoD与镍氢电池循环寿命之间的关系

图 5-1　镍氢电池使用环境温度以及 DoD 与循环寿命之间的关系

呈反比关系。换句话说，深度放电和高环境温度可以显著缩短循环寿命。值得注意的是，循环寿命随着 DoD 的增加而减小的程度比随着环境温度升高而减小的程度要大，例如，当环境温度从 15℃升高到 30℃时，镍氢电池的循环寿命约减少了 100 次，而当 DoD 从 0.4 增加到 0.7 时，镍氢电池的循环寿命则减少了约 600 次。

基于特拉华大学 Kempton 教授提出的电池损耗模型，本小节将电池损耗成本 C_v 定义为

$$C_v = \frac{C_b}{L_N \cdot E_v \cdot \mathrm{DoD}_{\mathrm{ref}}} \tag{5-6}$$

式中，C_b 为电池成本，€；L_N 为以循环次数为单位的电池循环寿命；E_v 为电池总的储能容量，kW·h；$\mathrm{DoD}_{\mathrm{ref}}$ 为参考 DoD。L_N 和 E_v 可以在参考条件(环境温度 $T = 20℃$，$\mathrm{DoD}_{\mathrm{ref}} = 80\%$)下计算得到。

本小节将 DoD 与环境温度这两个因素共同对电池循环寿命造成的影响定义为

$$L_{\mathrm{VPP}} = \frac{L_{\mathrm{ATEM}} \cdot L_{\mathrm{ADoD}}}{L_R} \tag{5-7}$$

式中，L_{VPP} 为虚拟发电厂中储能电池的循环寿命；L_R 为在额定环境温度和 DoD 下由生产厂商测定的电池额定循环寿命；L_{ATEM} 和 L_{ADoD} 分别为电池在实际环境温度和 DoD 下的循环寿命。

因此，结合式(5-6)和式(5-7)可得出考虑环境温度和 DoD 共同影响的电池损耗成本为

$$C_{\mathrm{VPP}} = \frac{C_b}{L_{\mathrm{VPP}} \cdot E_v \cdot \mathrm{DoD}_{\mathrm{ref}}} \tag{5-8}$$

结合式(5-2)、式(5-4)、式(5-6)~式(5-8)可得出铅酸电池损耗成本的数学表达式为

$$C_{\mathrm{VPP}}^{\mathrm{lead\text{-}acid}} = \frac{C_b \cdot L_R}{k \cdot (a\mathrm{DoD}_{\mathrm{lead\text{-}acid}} + b) \cdot \exp(\alpha T) \cdot E_v \cdot \mathrm{DoD}_{\mathrm{ref}}} \tag{5-9}$$

结合铅酸电池和镍氢电池的特征参数表达式[式(5-10)和式(5-11)]，利用数值分析仿真软件可以得出铅酸电池和镍氢电池的使用环境温度、DoD 和损耗成本三者之间的关系，如图 5-2 所示。从图 5-2 中可以看出，两种电池的损耗成本均随环境温度和 DoD 的升高而增加。这是因为过高的环境温度和 DoD 会缩短电池的循环寿命，从而使电池提前报废，更换新的电池需要的额外费用即可等效为电池使用过程中的损耗成本。从图 5-2 中还可以看出，铅酸电池损耗成本随环境温度

和 DoD 的升高而增加的程度比镍氢电池要高，例如，当环境温度从 25℃升高到 35℃、DoD 从 0.2 增加到 0.5 时，铅酸电池的损耗成本增加了 0.08472€/(kW·h)，而镍氢电池的损耗成本只增加了 0.07389€/(kW·h)。另外，在 DoD 相同且环境温度较低的情况下，镍氢电池的损耗成本比铅酸电池大。

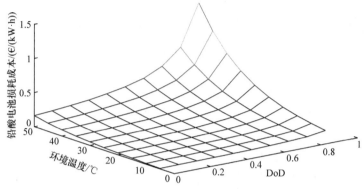

(a) 铅酸电池的损耗成本与DoD和环境温度之间的关系

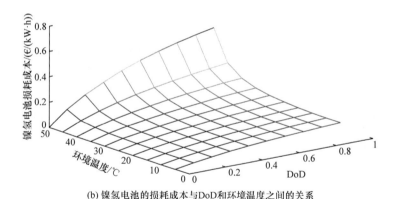

(b) 镍氢电池的损耗成本与DoD和环境温度之间的关系

图 5-2　铅酸电池和镍氢电池的损耗成本与 DoD 和环境温度之间的关系

图 5-3(a)和图 5-3(b)分别表示不同环境温度下铅酸电池和镍氢电池的损耗成本与 DoD 之间的关系。图 5-3 表明，在 DoD 相同的条件下，高环境温度将造成高电池损耗成本。另外，铅酸电池的损耗成本与 DoD 呈指数增长关系，而镍氢电池的损耗成本与 DoD 呈增长关系。本小节用分段线性函数去拟合非线性的损耗成本函数，使虚拟发电厂优化调度模型能够转化为大规模混合整数线性规划问题。

在对电池储能系统损耗成本进行建模时，关注的是电池寿命损耗与循环行为之间的关系。通常该关系可以通过雨流循环计数法得到，其原理是对包括不完整半周期和全周期在内的电池循环次数进行准确计数，以算出电池的寿命损耗。但

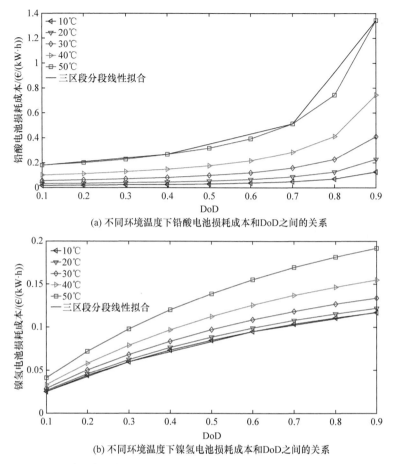

(a) 不同环境温度下铅酸电池损耗成本和DoD之间的关系

(b) 不同环境温度下镍氢电池损耗成本和DoD之间的关系

图 5-3　不同环境温度下铅酸电池和镍氢电池损耗成本和 DoD 之间的关系

是，在实际情况中，电池内部的充放电过程因为局部循环、不完全充电或者罕见的完全充电而变得非常复杂，因此难以通过商业数学优化引擎求解带有半周期循环识别的模型。为了简化建模过程，本小节利用加权千瓦时法分析电池储能系统的寿命特性。

加权千瓦时法假设电池在报废之前通过其循环的能量是一个定值(该定值也称为千瓦时吞吐量，kW·h-throughput)，而不必考虑单个循环周期的充电深度或者特定适用于电池能量流入方式或流出方式的其他参数。通常情况下，千瓦时吞吐量由电池生产厂商提供的 DoD 与电池达到报废标准(25℃恒温测试条件下电池的实际容量减小到电池额定容量的 80%时)的循环次数关系曲线估测得出，如图 5-4 所示。估测的过程基于对大量铅酸电池的观察，将电池达到报废标准的循环次数与相应的 DoD 以及电池的额定容量三者相乘，即可得到在该 DoD 下电池的千瓦时吞吐量，其近似为一条直线。假设电池额定容量为 28.3kW·h，表 5-1 列出了特定 DoD 下电池达到报废标准的循环次数和电池的千瓦时吞吐量。

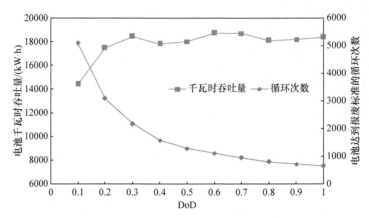

图 5-4　DoD 和电池达到报废标准的循环次数以及千瓦时吞吐量的关系曲线

表 5-1　特定 DoD 下电池达到报废标准的循环次数和电池的千瓦时吞吐量

DoD	循环次数	千瓦时吞吐量/(kW·h)
0.1	5100	14433
0.2	3090	17489.4
0.3	2175	18465.75
0.4	1575	17829
0.5	1275	18041.25
0.6	1105	18762.9
0.7	945	18720.45
0.8	800	18112
0.9	715	18211.05
1	650	18395

因此，将电池的期望千瓦时吞吐量定义为所有特定 DoD 下电池千瓦时吞吐量的均值，即

$$A_t = \frac{1}{I} \sum_i^I E \cdot \mathrm{DoD}_i \cdot C_i \tag{5-10}$$

式中，E 为电池的额定容量，kW·h；DoD_i 为任一特定的 DoD；C_i 为电池在该特定 DoD 下达到报废标准的循环次数；I 为 DoD 与电池达到报废标准的循环次数关系曲线中数据点的个数，这里，$I=10$，$i=1,2,\cdots,I$。

根据式(5-10)可以得出电池在达到报废标准前，能够通过其循环的总能量(kW·h)。虚拟发电厂运营商可以通过计算流入和流出电池的累积能量来估算其期望寿命，当累积能量值达到电池的期望千瓦时吞吐量时，需要替换新的电池，以保证储能系统的稳定运行。

　　假设在标准条件下，通过电池的总能量能够在其报废之前达到期望千瓦时吞吐量。一旦偏离标准条件(如 SoC 变化)，在一段确定时间内通过电池的有效累积千瓦时吞吐量会相应地增加或者减少[3]。图 5-5 为有效权重因子与 SoC 的关系，也就是不同 SoC 值对铅酸电池有效累积千瓦时吞吐量的影响。从图中可以看出，在 SoC = 0.5 时，流出电池 1kW·h 的能量等效于流出 1.3kW·h 的有效累积千瓦时吞吐量(即期望千瓦时吞吐量减少 1.3kW·h)。当 SoC=1 时，流出电池 1kW·h 的能量只等效于流出 0.55kW·h 的有效累积千瓦时吞吐量。这也表明，铅酸电池应该工作在 SoC 较高的条件下，以延长其使用寿命。另外，在 SoC 大于 0.5 时，有效权重因子与 SoC 近似呈线性函数关系。

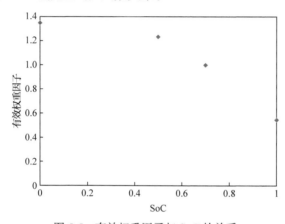

图 5-5　有效权重因子与 SoC 的关系

　　可以用电池在一段时间内的有效累积千瓦时吞吐量估算其寿命损耗：

$$L_{\text{loss}} = \frac{A_c}{A_t} \tag{5-11}$$

式中，A_c 为电池在一段确定时间内的有效累积千瓦时吞吐量，kW·h；A_t 为电池的期望千瓦时吞吐量，kW·h。

　　A_c 与电池的 SoC 和实际千瓦时吞吐量有关，其数学表达式为

$$A_c = \lambda \cdot A_c' \tag{5-12}$$

式中，λ 为有效权重因子；A_c' 为电池确定时间内的实际千瓦时吞吐量，kW·h。

　　如前所述，在 SoC 大于 0.5 时，有效权重因子与 SoC 近似呈线性函数关系：

$$\lambda = k \cdot \text{SoC} + b \tag{5-13}$$

式中，k 和 b 为经验参数，其值可以通过数值分析仿真软件的曲线拟合工具获得。

　　电池的寿命损耗成本可以表示为

$$C_{bl} = L_{\text{loss}} \cdot C_{\text{bat}} \tag{5-14}$$

式中，C_{bat} 为电池成本，€，由式(5-15)定义：

$$C_{bat} = C_p \cdot P_{bat,rat} + C_w \cdot E_{bat,rat} \tag{5-15}$$

式中，C_p 和 C_w 分别为电池储能的功率和容量的单位投资；$P_{bat,rat}$ 为电池额定功率，kW；$E_{bat,rat}$ 为电池额定容量，kW·h。

本小节提出了一个更加全面的电池储能系统损耗成本模型，包括寿命损耗成本、运维成本和能量损失成本。

电池的运维成本表示为

$$C_{O\&M} = C_m \cdot P_{bat,rat} + C_o \cdot (g_{bat}^+ + g_{bat}^-) \tag{5-16}$$

式中，C_m、C_o 分别为电池维护成本系数和运行成本系数；g_{bat}^+、g_{bat}^- 分别为单位时间内电池的充电电量和放电电量。

能量损失成本表示为

$$C_{pl} = C_{loss} \cdot \left[(1-\eta^+) \cdot g_{bat}^+ + (1-\eta^-) \cdot g_{bat}^- \right] \tag{5-17}$$

式中，C_{loss} 为电池能量损失成本系数；η^+、η^- 分别为电池的充电效率和放电效率。

因此，电池储能系统的损耗成本定义为

$$C_B = \sum_b C_{bl,b} + C_{O\&M,b} + C_{pl,b} \tag{5-18}$$

式中，C_B 为电池储能系统的总损耗成本；$C_{bl,b}$、$C_{O\&M,b}$ 分别为第 b 个电池组的寿命损耗成本和运维成本；$C_{pl,b}$ 为由能量转换和自放电引起的第 b 个电池组的能量损耗成本。

电池的使用寿命是指电池在预定的替换时间前能够使用的期限，循环寿命是指电池的实际容量减小到额定容量的 80%之前能够循环充放电的次数，浮充寿命是指电池在浮充工作条件下的期望寿命。电池的使用寿命(也称为日历寿命)$T_{service}$ 由电池的循环寿命 T_{cycle} 或者浮充寿命 T_{float} 决定。通常情况下，$T_{service}$ 取 $T_{service}$ 和 T_{float} 这两者中的较小值[4]。

电池的循环寿命和循环老化有关，且取决于电池的循环行为。频繁充放电和深度循环会加速电池老化，同时降低其循环寿命。定义电池的循环寿命为

$$T_{cycle} = \frac{N_d^{fail}}{W \cdot n_d^{day}} \tag{5-19}$$

式中，N_d^{fail} 表示 DoD 为 d 时，电池在报废前的最大循环次数；n_d^{day} 表示在该放电深度下的日循环次数；W 表示一年中电池平均工作的天数(假设一年中有 10%时间用于对电池储能系统进行必要的维护)。

电池的浮充寿命和正常的腐蚀过程有关，而与循环行为无关，因此 T_{float} 通常

被认为是一个常数。

对于任一类型的电池，N_d^{fail} 是关于 DoD(%)的函数，其数学表达式为

$$N_d^{\text{fail}} = f(d) \tag{5-20}$$

式中，d 表示电池的放电深度数值。

使用电池生产厂商提供的详细实验数据，并通过曲线拟合工具可以求得 $f(d)$。将电池在放电深度为 d 的条件下，循环 n_d 次的循环寿命损耗 L_{cycle} 表示为

$$L_{\text{cycle}}(\%) = \frac{n_d}{f(d)} \times 100\% \tag{5-21}$$

在本小节中，$f(d)$ 表示为幂函数形式，以适合于各种类型的电池，其数学表达式为

$$f(d) = N_{100}^{\text{fail}} \cdot d^{-k_p} \tag{5-22}$$

式中，k_p 为 0.8～2.1 范围内的一个常数，可以通过曲线拟合工具求得；N_{100}^{fail} 为 DoD = 100%时，电池在报废前的最大循环次数。

图 5-6 为不同 k_p 值下 DoD 和最大循环次数的关系曲线。

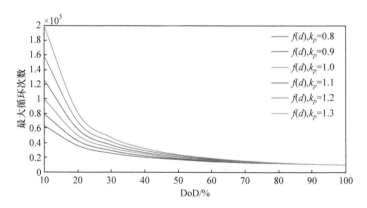

图 5-6　不同 k_p 值下 DoD 和最大循环次数的关系曲线

通过保持循环寿命损耗为一常数，可以得出电池在 DoD 为 d 时循环 n_d 次(相当于电池在 DoD 为 100%时的循环次数，以下将其称为等效 100% DoD 循环次数)的表达式为

$$n_{100}^{\text{eq}} = n_d \cdot d^{k_p} \tag{5-23}$$

k_p 越大表示电池的等效 100%DoD 循环次数越少，因为通常情况下 d 不会大于 100%。

假设在一天的调度周期内电池的能量变化如图 5-7 所示，要对电池的循环寿

命进行估测，首先需要通过图 5-7 中的局部极值点(如 A、B)找到电池的每一个半周期循环。电池在每两个相邻局部极值点之间完成一个半周期循环，例如，电池能量从局部极值点 A 增加到局部极值点 B 即为一个半周期循环。

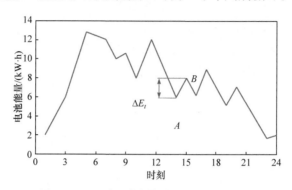

图 5-7　一天的调度周期内电池的能量变化

假设第 k 个半周期循环结束时相应的电池能量为 E_k^m，则可通过式(5-24)计算每一半周期循环的 DoD，即

$$d_k^{\text{half}} = \left| \frac{E_k^m - E_{k-1}^m}{E_{\max}} \right| \tag{5-24}$$

式中，$E_{\max}$ 为电池的最大容量，$\text{kW} \cdot \text{h}$；E_{k-1}^m 为第 $k-1$ 个半周期循环结束时相应的电池能量。

根据式(5-23)可以得出电池每天的等效 100%DoD 循环次数为

$$n_{100}^{\text{eq,day}} = \sum_{k \in C} n_d \cdot \left(d_k^{\text{half}} \right)^{k_p} \tag{5-25}$$

式中，$n_d = 0.5$，即一个半周期循环；C 为一天的调度周期内电池的半周期循环次数。

最后，根据式(5-19)和式(5-25)可以得到电池循环寿命 T_{cycle} (年)的估测公式为

$$T_{\text{cycle}} = \frac{N_{100}^{\text{fail}}}{W \cdot n_{100}^{\text{eq,day}}} \tag{5-26}$$

5.2.2　基于循环周期数法电池损耗模型的虚拟发电厂短期优化调度

基于循环周期数法电池损耗模型的虚拟发电厂短期优化调度目标函数为

$$\max \sum_{t \in T} \sum_{w \in n_w} \pi_w \cdot \sum_{s \in n_s} \pi_s \cdot \sum_{p \in n_p} \pi_p \cdot [\lambda_{p,t} \cdot (G_{w,s,p,t} + g_{w,s,p,t}^{\text{down}} \cdot \varphi_{\text{down}} - g_{w,s,p,t}^{\text{up}} \cdot \varphi_{\text{up}}) \tag{5-27}$$

$$- C_{w,s,p,t}^C - y_{w,s,p,t} \cdot S_c - C_{w,s,p,b,t}^B]$$

式中，T、n_w、n_s、n_p 分别为调度周期集合、风力发电厂出力场景集合、太阳能

光伏电站出力场景、日前市场电价场景；下标 w、s、p、t、b 分别表示第 w 个风力发电厂出力场景、第 s 个太阳能光伏电站出力场景、第 p 个日前市场电价场景和第 b 个储能电池阵列；π_w、π_s、π_p 分别为第 w 个风力发电厂出力场景发生的概率、第 s 个太阳能光伏电站出力场景发生的概率以及第 p 个日前市场电价场景发生的概率；$\lambda_{p,t}$ 为在第 t 个调度周期和第 p 个日前市场电价场景下的电价（€/MWh）；φ_{up}、φ_{down} 分别为上调平衡市场和下调平衡市场中的价格上调率和价格下调率；$G_{w,s,p,t}$ 为在日前市场中买入和卖出的电能；$g_{w,s,p,t}^{up}$ 为上调平衡市场中买入的电能；$g_{w,s,p,t}^{down}$ 为下调平衡市场中卖出的电能；$C_{w,s,p,b,t}^{B}$ 为电池储能系统的损耗成本。

由于可再生能源发电和日前市场电价的不确定性，虚拟发电厂运营商在电力市场交易中将会面临很高的利润风险。因此，必须制定出能够规避风险的最优调度决策，以将虚拟发电厂在每个场景下期望利润的变化控制在一个适度的范围内。本小节将 α 置信水平下的 CVaR（$CVaR_\alpha$）作为风险测量方法，以评估和控制虚拟发电厂调度决策面临的风险。

将 $CVaR_\alpha$ 风险评估项加入式(5-28)中，得到考虑风险规避的虚拟发电厂短期优化调度目标函数为

$$\max \sum_{t \in T} \sum_{w \in n_w} \pi_w \cdot \sum_{s \in n_s} \pi_s \cdot \sum_{p \in n_p} \pi_p \cdot [\lambda_{p,t} \cdot (G_{w,s,p,t} + g_{w,s,p,t}^{down} \cdot \varphi_{down} - g_{w,s,p,t}^{up} \cdot \varphi_{up}) \\ - C_{w,s,p,t}^{C} - y_{w,s,p,t} \cdot S_c - C_{w,s,p,b,t}^{B}] + \beta \cdot CVaR \tag{5-28}$$

需要增加以下三个约束条件：

$$CVaR = \zeta - \frac{1}{1-\alpha} \cdot \sum_{w \in n_w} \pi_w \cdot \sum_{s \in n_s} \pi_s \cdot \sum_{p \in n_p} \pi_p \cdot \eta_{w,s,p} \tag{5-29}$$

$$\zeta - \sum_{t \in T} [\lambda_{p,t} \cdot (G_{w,s,p,t} + g_{w,s,p,t}^{down} \cdot \varphi_{down} - g_{w,s,p,t}^{up} \cdot \varphi_{up}) \\ - C_{w,s,p,t}^{C} - y_{w,s,p,t} \cdot S_c - C_{w,s,p,b,t}^{B}] \leqslant \eta_{w,s,p}, \ \forall w \in n_w, \forall s \in n_s, \forall p \in n_p \tag{5-30}$$

$$\eta_{w,s,p} \geqslant 0, \ \forall w \in n_w, \forall s \in n_s, \forall p \in n_p \tag{5-31}$$

目标函数(5-28)包括了虚拟发电厂的期望利润和加权的 CVaR。式(5-29)为 CVaR 的计算式，式(5-30)和式(5-31)为 CVaR 的线性化约束。ζ 为辅助变量，$\eta_{w,s,p}$ 是一个非负变量，$\beta \in [0,\infty)$ 是由虚拟发电厂运营商在制定最优调度决策前，根据其风险规避的态度设置的加权参数，用以权衡期望利润和风险规避的利弊。若虚拟发电厂运营商的态度为风险中立，则 $\beta = 0$。随着 β 逐渐增大，虚拟发电厂运营商相对于期望利润的风险规避意愿也更强烈。

5.3　基于断面功率预测的机组超前优化调度策略

5.3.1　风电接入对输电断面调度的影响

风能作为一种可再生能源和清洁能源，在全球范围内得到了广泛应用和迅速发展。在可再生能源发电方面，风电机组的装机容量仅次于水电，并且随着风能利用技术的成熟和发电成本的降低，近年来，全球风电机组装机容量逐渐增加。

根据我国在 2006 年发布的《可再生能源法》，电网企业需要全额收购其覆盖范围内的可再生能源，因此在可再生能源和传统能源同时输送电能时，需要优先考虑可再生能源送电。当风电机组和火电机组同时具备输电能力时，风电-火电机组协调送电的基本策略为：当风电机组与火电机组的总发电功率超出输电断面的功率限制时，满足可再生能源优先原则，火电机组根据用电平衡调节出力，若风电机组的发电功率超过输电断面安全上限，则适当弃风，以保障输电断面安全。

当风电接入电网运行时，由于风能的不可控性和波动性等特点，输电断面功率会随着风电机组出力的变化出现较大波动，可能导致输电断面功率不满足功率约束的情况[5-9]。因此，需要根据输电断面处于安全、重载或者过载的状态给出相应的控制策略。针对风电-火电机组共同供电情况，考虑输电断面约束的机组调度策略包括上限控制和下限控制两种。上限控制的目标是保证输电断面的安全性和完整性，输送功率不超过输电断面潮流极限值；下限控制是为了提高可再生能源的利用率，输电断面尽可能输送较多的风电，减少由输电断面越限而弃用的风能。当输电断面功率超过上限时，通过调整机组出力来减少该输电断面的输送功率；当输电断面潮流达到下限时，说明输电线组的输电能力未得到充分利用，应该提高利用率。通过两种机组调度策略确保输电断面潮流处于约束范围之内，既满足输电断面的安全约束，又提高系统能源利用效率，减少弃风率。

考虑输电断面约束的上限控制是为了满足电力系统潮流约束，保证系统处于安全稳定的运行状态。下限控制的目标是提高能源和输电断面的利用率，不会危及系统的正常运行状态。本小节主要考虑电力系统安全运行，因此忽略下限控制，针对上限控制提出输电断面越限时采取的机组调度策略。

5.3.2　深度学习预测风电机组出力

风能具有波动性和间歇性等固有属性，大规模风电场接入电网，将对电网的潮流分布、电能质量和电网安全稳定运行等造成影响[10-13]。因此，准确预测风电功率，对电网调度部门预判风电机组出力和系统潮流，掌握电力系统的运行状态，进而及时采取调度措施和风险处理，保证电网安全稳定运行具有重大意义。风速是决定风电机组出力的重要因素，因此准确预测风速是预测风电机组功率的重要前提。

　　风速时间序列具有非线性和非平稳性等特点，被认为是一种典型的多尺度信号，即由于作用机理不同，风速信号可以看作多种频率信号的叠加。小波变换是一种时频分析方法，可以对信号进行多尺度分析，从中有效提取所需信息，是一种可以很好地对风速这类多尺度信号进行信息提取分析的方法。因此，为准确预测风速，首先采用小波变换方法对原始风速数据进行分解，将风速时间序列分解成一个低频分量和多个高频分量，从而对每个频段非线性特点和不变结构进行提取，然后对每个序列信息进行小波重构，以更加准确地预测风速。

　　小波变换包括连续小波变换和离散小波变换两种。离散小波变换可以为信号分析与提取提供足够的信息。进行小波变换涉及小波基函数和分解层数的选取。小波变换有很多常见的小波基函数，其中 Daubechies N 小波能够很好地分析时序问题，具备正交、高正则性和 Mallet 算法的特点，因此采用 Daubechies N 正交小波对风速序列进行分解和重构。小波分解层数越多，信号的频率段划分越细致，得到细节信号的平稳性和平滑性也越好。但是每次分解的过程必然引入误差，分解层数越多，引入误差越大，因此小波分析需要适当选取分解层数，一般选取 5-5 层即可。小波分解过程如图 5-8 所示，其中，A_n 代表概貌序列，D_n 代表细节序列。每次小波分解，概貌序列和细节序列的点数减少 1/2，因此为保证信息的完整性，在小波分解后还需要进行小波重构，重构后序列的点数与原时间序列相同。

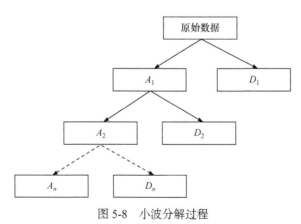

图 5-8　小波分解过程

　　风力发电预测被认为是解决风电并网问题的最有效方案。目前，典型的风力发电预测方法包括物理模型、统计方法和软件技术。但是，上述几种预测模型具有不稳定、对初始参数设置过度敏感和过度训练的问题而且它们是浅学习模型。考虑风速数据的复杂性，这些浅学习模型不足以提取相应的深层非线性和非平稳性特性。解决浅学习模型问题的一个有效方法就是深度学习。深度学习是近年来得到广泛应用的一种人工智能方法，具有发现数据中固有抽象特征和隐藏不变结构的能力，随着其隐藏层的深入，能够自动进行特征提取，在网络深层归纳得到不同模式的表述，无须人工聚类。这种在数据中挖掘特性的能力使得深度学习在预测风力发电方面受到广泛关注。

深度学习方法包括深度置信网络、卷积神经网络、循环神经网络等。本小节采用深度置信网络进行风电预测。深度置信网络是非监督贪心逐层训练算法，由一系列受限玻尔兹曼机单元组成，结构图如图5-9所示。网络中可视层和隐藏层单元彼此相连，隐藏层单元可获取输入可视层单元的高阶相关性。预训练采用无监督贪心逐层方式获取生成性权值。在训练过程中，每次训练一个单层网络。首先充分训练第一个受限玻尔兹曼机；然后固定第一个受限玻尔兹曼机的权重和偏移量，使用其隐藏层神经元的状态，作为第二个神经元的输入量；在充分训练第二个受限玻尔兹曼机后，将第二个受限玻尔兹曼机堆叠在第一个受限玻尔兹曼机上方；重复以上三个步骤任意多次。受限玻尔兹曼机训练算法首先进行初始化，然后调用对比散度算法进行迭代训练。在所有层训练完成后，对生成模型的参数进行调优。除了顶层受限玻尔兹曼机外，其他层受限玻尔兹曼机的权重被分成向上的认知权重和向下的生成权重，分为认知过程和生成过程两个阶段对上行权重和下行权重进行参数调优。

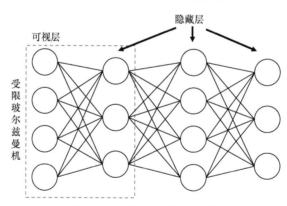

图 5-9　深度置信网络结构图

考虑到风电的难预测性，本小节采用小波分析和深度置信网络混合方法进行风电预测。首先，对训练数据进行规范化和小波分解，对得到的不同频段的信号建立深度置信网络模型，通过预训练和调优确定权重及偏移量。输入测试集样本，对数据进行小波分解，建立深度置信网络，得到每个频段的预测数据，再通过小波重构得到最终的预测数据。在确定风速预测结果后，为简化风电机组出力的分析过程，设定风电机组按照风电机组标准功率曲线出力，根据风速确定风电机组出力。图 5-10 是额定功率为 1MW 的风电机组标准功率曲线，其中，风电机组的切入风速为 3m/s，切出风速为 20m/s。按照图 5-10 中的风电机组输出功率对风速的标准功率曲线预测风电机组出力。

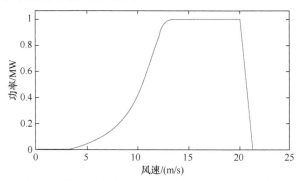

图 5-10　额定功率为 1MW 的风电机组标准功率曲线

5.3.3　考虑预测风电机组出力的机组调度策略

风能的接入使得系统断面功率易随风电机组出力的变化出现较大的波动，甚至导致断面越限，而断面潮流处于安全范围是保证系统稳定运行的必要条件。因此，针对风能的随机性和波动性等特点，以及风电并网对输电断面的影响，需要制定风电-火电机组耦合调节策略，以保证输电断面支路满足潮流安全约束。通过风电机组出力预测引入断面功率预测，当预判发生潮流越限时，进行机组超前调度调整，达到减少甚至避免断面越限的目的。

短时间尺度风电机组出力预测可以比较准确地预测下一时刻的风电机组出力，同时根据火电机组的计划出力曲线，能够提前计算出下一时刻系统的潮流，判断下一时刻机组出力调整对输电断面的影响。当预判输电断面在下一时刻处于安全状态时，风电机组和火电机组均可按照计划出力。若判断按照原计划发电，输电断面会发生越限，则需要提前对下一时刻的机组出力计划进行调整，以使系统运行于安全状态。由前面的分析可知，在制定调度策略时需要优先保障可再生能源出力。当风电机组和火电机组同时具备输电能力时，优先满足风电机组按计划出力，调节火电机组满足系统有功安全，当仅调节火电机组出力不足以保证输电断面恢复到安全状态时，再考虑减少风电机组出力。当预判输电断面出现越限情况时，系统机组调度的关键同样是确定机组调度序列和相应的机组调整量。

在调度过程中优先保证风电机组按照计划出力，因此先分析风电机组对输电断面线路的灵敏度与风电机组出力调整的关系，再根据风电机组出力的可调整情况决定火电机组的调度策略。当预判下一时刻机组出力调整后发生断面越限时，说明灵敏度为正值的机组出力增量与对应机组灵敏度之积的代数和大于灵敏度为负值的机组的出力增量与对应机组灵敏度之积的代数和，导致支路潮流过载。

根据机组不同的出力情况和灵敏度，分析不同情况下如何控制防止断面越限。若预测下一时刻风电机组均为增出力且风电机组灵敏度均为正时，为保证可再生能源优先出力,首先调整火电机组出力来消除支路越限,按照基于机组综合调度能力的有功安全控制策略确定机组调度顺序和调整量,当所有火电机组出力均已参与调整,但依然不能消除断面过载量时,按照风电机组对越限支路灵敏度的大小排序,依次减出力参与调度。当预测系统中风电机组均为增出力,而风电机组对越限支路灵敏度有正有负时,首先确定灵敏度为负的风电机组按照计划出力,因为该类机组的增出力可减轻支路越限,接下来确定其余机组调度顺序。根据机组性能指标,建立信息熵模型,得到火电机组综合调度能力评估值,确定机组调度序列,灵敏度为正的风电机组按照灵敏度大小排在减出力火电机组序列之后,然后采用启发式反向等量配对调整法计算机组调整量。若通过火电机组调度即可消除过载,则风电机组按照计划出力,若火电机组出力调整未能完全消除越限,则灵敏度为正的风电机组不能按照计划增出力,需要按照调整量进行调整。为避免断面越限,下一时刻所有机组需要按照超前调度后的计划出力。当预测系统中风电机组均增出力且灵敏度均为负值时,风电机组按照计划出力,只能通过火电机组出力控制调整来防止输电断面越限。

当预测系统中风电机组出力有增有减时,先设定减出力风电机组按照计划出力,再根据不同情况进行机组调度。当风电机组灵敏度均为正时,设定减出力风电机组按计划出力,确定火电机组排序按照启发式规则的反向等量配对调整法调整火电机组出力,若调整后仍不能消除断面越限,灵敏度为正的风电机组按照灵敏度大小排序继续作为减出力机组参与调度。当增出力风电机组灵敏度为正、减出力风电机组灵敏度为负时,机组的调度策略与风电机组灵敏度均为正时的情况完全相同。当增出力风电机组灵敏度为负、减出力风电机组灵敏度为正时,设定增出力和减出力风电机组分别按计划出力,然后按照相同的控制策略进行调度。当下一时刻增出力和减出力风电机组灵敏度均为负时,调度策略为优先将风电机组按计划出力,增出力和减出力风电机组分别按计划出力,通过火电机组调度调整输电断面功率。因为灵敏度为负的机组减出力会加重越限支路的过载情况,所以该情况下风电机组不能继续参与减出力调度,若火电机组调度无法消除断面越限,则需要继续采用切负荷的方式来保证系统安全运行。

当预测下一时刻系统中风电机组均为减出力时,因为风电机组出力受风速限制,所以设定风电机组出力优先按照计划调节。若机组的灵敏度均为负,则通过火电机组调度调整输电断面功率。同样因为灵敏度为负的机组减出力会加重断面过载,即使火电机组调度不能完全消除越限,风电机组也不能继续参与调度,需要采取切负荷等其他措施。当风电机组灵敏度有正有负时,调度策略同样是风电机组优先按照计划减出力,火电机组按照启发式规则的反向等量配对调整法调整出力,若调整后不能满足断面潮流约束,则选择灵敏度为正的风电机组作为减出力机组,按照灵敏度大小继续参与机组配对调整出力,进行有功安全控制。当风电机组灵敏度均为正时,采取的机组调度策略和前者相同。

当预判下一时刻机组出力调整是否引起输电断面功率超过安全范围时，需要判断输电断面内每一条线路的功率是否越限。若只引起单条支路过载，则超前调度时，根据机组对单条线路的灵敏度计算综合调度能力，确定机组的调度顺序和出力调整量。若判断会引起断面内多条支路越限，则根据权重系数计算机组的综合灵敏度，建立信息熵模型评估调度能力，再结合上述机组调度策略确定机组调度顺序和调整量。

为减少输电断面过载情况的出现，根据短时间尺度风电机组出力预测和火电机组计划出力曲线制定风电-火电机组超前调度策略。根据预测的输电断面功率，若判断发生输电断面越限，则需要采取机组出力调整，对于减出力风电机组和灵敏度为负值的增出力风电机组，优先按照计划出力，然后按照基于机组综合调度能力的有功安全校正控制方法确定火电机组调度顺序和出力调整量，若火电机组调度仍不能消除过载，选取灵敏度为正的风电机组参与减出力机组的排序继续调度。风电-火电机组超前调度策略的流程图如图 5-11 所示。

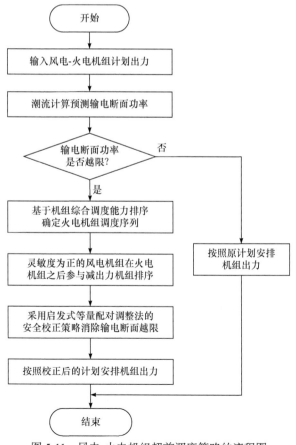

图 5-11　风电-火电机组超前调度策略的流程图

5.4　基于图计算的安全约束机组组合图建模及高效优化

机组组合问题是电力系统中离散化程度最高、规模最大的优化问题。长期以来，各种机组组合算法都存在维数灾难问题——计算量随着问题规模的增大而呈指数增长。在新能源比例提高、交直流混联等因素使机组组合问题规模变大、时段耦合性变强的背景下，维数灾难问题更加严重。对此，国内外学者提出了优先顺序法、拉格朗日松弛法等多种方法。目前，安全约束机组组合求解软件的主流方法是拉格朗日松弛法和混合整数规划法。美国宾夕法尼亚-新泽西-马里兰联合电力市场的短期机组组合软件能在 17 分钟内解决 3000 个节点、235 台发电机的机组组合问题，但美国得克萨斯州电力可靠性委员会在日前的市场运行中，曾有运行 12 小时无可行解的情况。2007 年，国家电网公司牵头组织中国电力科学研究院有限公司和清华大学开展了短期机组组合技术攻关和软件系统研发工作。目前，该项目的成果在我国江苏省、福建省等的电力调度中心投入使用。在福建省的应用中，对于 161 台机组、96 个时段、48 个断面数的系统，短期机组组合求解计算时间少于 3 分钟。但在约 200 台机组、高比例水电且时段耦合较强的场景应用中，曾有 4 小时无可行解的情况。针对高比例新能源、交直流混联等因素导致的大规模、强耦合机组组合问题，原有以分支定界为框架的机组组合算法将不能及时给出优化机组的组合解，亟须新的技术框架，破解机组组合计算的维数灾难问题，支撑全国统一电力市场建设。

5.4.1　基于图模型的机组组合计算框架

本节提出机组组合历史解图数据建模的方法，构建包含"电网拓扑-约束条件-历史解-机组启停状态"相关联的图模型，形成描述机组组合解完备信息的图实例，实现对机组组合历史解及其影响解的边界条件、约束条件、状态变量等的系统存储；设计成套机组组合方案子图的高效搜索方法，支撑面向电网拓扑图的初始解生成图神经网络训练、面向机组组合状态图的优化解生成。

将机组组合问题的物理特征与图计算相结合，设计完整的基于图计算的机组组合计算全新框架，替代目前常用的分支定界，解决基于分支定界算法存在的计算量随问题规模呈指数增长的难题，在图计算框架下实现机组组合多项式算法。

5.4.2　不确定性环境下安全机组组合约束集

充分考虑新能源和直流线路对电网安全的影响，从系统平衡方面构建电力负荷平衡约束、备用和自动发电控制调节容量约束、省间联络线固定功率约束等确定性约束集；分析省际交直流混联电网的薄弱环节，构建考虑电网运行特征的关键断面约束集，建立保证交直流混联电网安全运行的约束集合；依据超高压交直流混联省级电网运行特点，构建满足电网运行和机组要求的实用化约束集；当考虑实际电网调度运行时，构建特定调度模式、特定自然条件、社会条件下满足不同场合的经营性约束集。

本节提出多新能源场站出力的时空相关性和随机性的表征方法，建立应对新能源不确定性的系统安全约束集合；分析大规模新能源省级交直流电网惯量与频率支撑能力的影响因素，构建考虑高占比新能源接入下机组及机组群运行约束集合、应对系统功率失衡的频率安全约束集合；针对新能源出力波动下省间市场和现货市场两级出清结果与省间联络线功率失配问题，构建考虑省间互济功率不确定性的边界安全约束集合。

5.4.3　基于相似性原理的初始解生成方法和约束有效性判断技术

分析机组组合的最优性历史规律，构建机组组合计算中对解有显著影响的边界条件集，即不能改变的部分状态变量的取值，如负荷、负荷峰谷差、负荷爬坡率、由上级调度确定的联络线功率、关键设备的可用性等；基于电网的状态特征数据，考虑电网的结构关系约束，建立基于图深度神经网络优化模型，构建针对边界条件集的图神经网络的残差函数，通过对历史机组组合数据学习优化图神经网络参数；以当前电网状态为图神经网络的输入，优化当前各种边界条件下机组组合的可行初始解。

构建机组组合边界约束的分析方法，提出基于监督学习的约束条件起作用的概率识别方法，在图数据库的基础上，从现有的调度员经验判断约束条件的有效性，改为由系统的机器学习方法判断约束条件的有效性。通过松弛不起作用约束，合理缩小问题规模，提高机组组合迭代效率；通过辨识起作用约束，完善机组优化排序。

5.4.4　机组组合图路径搜索迭代方法

分析机组组合特征与图模型属性的相似性机理，以机组组合方案和关键约束条件适配图顶点及其属性，构建机组组合的状态图模型；设计状态图生成方法模拟机组组合优化解生成过程；研究图优化分区下的机组组合动态排序技术，结合机组成本(报价)、性能，以及性能与起作用约束的相关性，对机组做出准确排序，大幅降低机组组合计算需要尝试的状态数；提出机组组合路径搜索的图计算优化迭代方法，通过机组综合排序选择合适的迭代方向，减少无效尝试，提高计算效率；针对时段耦合强的机组和需求侧灵活性资源聚合的虚拟发电厂，将组合状态决策解耦成两步，先决策是否需要运行或者改变状态，再决策状态改变的时间。通过动态图迭代和时段耦合解耦，紧靠机组组合问题的物理特性，彻底解决现有的以分支定界为框架的算法存在的维数灾难问题。

5.5　本　章　小　结

本章首先归纳并提出了基于经验的循环周期数法和加权千瓦时法，对虚拟发电厂中的电池储能系统进行损耗建模和寿命预测，之后在两种建模方法的基础上分别设计了虚拟发电厂短期和中长期优化调度模型。接着介绍了风电接入对输电断面调度的影响，考虑电力系统安全运行，在忽略下限控制，专注于上限控制的前提下，本章旨在帮助电网调度部门预判风电机组出力和系统潮流，从而掌握电力系统的运行状态，进而可以及时采取调度措施和风险处理，保证电网安全稳定运行。为此，本章提出了基于深度置信网络预测风电机组出力的方法。然后在预测风电机组出力的前提下，制定了风电-火电机组耦合超前调度策略，以保证输电断面支路满足潮流安全约束。最后介绍了基于图计算的安全约束机组组合图建模及高效优化算法，提出机组组合相似性规律，并根据相似性规律生成近优初始可行解，基于图数据库结合相似性规律准确辨识起作用/不起作用约束，将不起作用约束松弛比例从目前的30%左右提升到70%左右，缩小问题规模，同时能确定部分起作用约束，考虑机组成本、起作用约束，对机组动态排序，在排序的基础上首创机组组合状态图迭代方法，快速排除不优域和不可行域，减少机组组合无效尝试，从而提高机组组合优化效率。

参　考　文　献

[1] Zhou C K, Qian K J, Allan M, et al. Modeling of the cost of EV battery wear due to V2G application in power systems[J]. IEEE Transactions on Energy Conversion, 2011, 26(4): 1041-1050.

[2] Kempton W, Tomić J. Vehicle-to-grid power fundamentals: Calculating capacity and net revenue[J]. Journal of Power Sources, 2005, 144(1): 268-279.

[3] Jenkins D, Fletcher J, Kane D. Lifetime prediction and sizing of lead-acid batteries for microgeneration storage applications[J]. IET Renewable Power Generation, 2008, 2: 191-200.

[4] He G N, Chen Q X, Kang C Q, et al. Optimal bidding strategy of battery storage in power markets considering performance-based regulation and battery cycle life[J]. IEEE Transactions on Smart Grid, 2016, 7(5): 2359-2367.

[5] 崔杨, 张家瑞, 仲悟之, 等. 考虑源-荷多时间尺度协调优化的大规模风电接入多源电力系统调度策略[J]. 电网技术, 2021, 45(5): 1828-1836.

[6] 崔杨, 张汇泉, 仲悟之, 等. 计及价格型需求响应及 CSP 电站参与的风电消纳日前调度[J]. 电网技术, 2020, 44(1): 183-191.

[7] 宋汶秦, 吕金历, 赵玲霞, 等. 光热-风电联合运行的电力系统经济调度策略研究[J].电力系统保护与控制, 2020, 48(5): 95-102.

[8] 杨明, 罗隆福. 计及风电与负荷不确定性的电力系统无功随机优化调度[J]. 电力系统保护与控制, 2020, 48(19): 134-141.

[9] Lew D, Bird L, Milligan M, et al. Wind and solar curtailment[C]. International Workshop on Large-Scale Integraion of Wind Power Systems as well as on Transmission Networks for Offshore Wind Power Plants, London ,2013: 1-7.

[10] Martín-Martínez S, Gómez-Lazaro E, Molina-Garcia A, et al. Impact of wind power curtailments on the Spanish Power System operation[C]. 2014 IEEE PES General Meeting Conference & Exposition, National Harbor, 2014: 1-5.

[11] 吕泉, 王伟, 韩水, 等. 基于调峰能力分析的电网弃风情况评估方法[J]. 电网技术, 2013, 37(7): 1887-1894.

[12] 谭忠富, 宋艺航, 张会娟, 等. 大规模风电与火电联合外送体系及其利润分配模型[J]. 电力系统自动化, 2013, 37(23): 63-70.

[13] 凡鹏飞, 张粒子, 谢国辉. 充裕性资源协同参与系统调节的风电消纳能力分析模型[J]. 电网技术, 2012, 36(5): 51-57.

第6章　基于智能预测的备用容量规划及其应用

6.1　概　　述

　　新能源和瞬间负荷引起的功率波动会造成计划出力和实际需求不平衡，需要接入母线和立即可以带负荷系统的备用容量来平抑扰动。负荷预测的不确定性直接决定备用容量的大小，合理规划备用容量是系统经济安全运行的关键。目前，已有多种基于人工智能的负荷预测方法应用于备用容量规划中，如 ANN 预测方法、时间序列预测方法、SVM 等。

　　电力系统中的不确定因素，给备用容量的调度计划决策带来了风险。基于人工智能的负荷预测方法是优化调度备用容量的基石。在系统选取备用容量时，一般采用确定性负荷预测方法，年负荷预测偏差常导致实际少部分最高负荷大于所需备用容量，大部分负荷量远小于实际备用容量，不仅不能满足系统安全性的要求，而且降低了系统运行的经济性。基于负荷预测结果的可信度评估含有比确定性负荷预测方法更多的信息，通过预测未来的负荷预测可信度可以表征负荷预测的不确定性，对备用容量进行优化调整，以减少备用容量，但仍不能提供确定的预测结果，只能作为探索备用需求可压缩程度的一种方法。概率性预测在分析备用容量使用误差的分布概率的基础上可进一步预测概率性备用容量的结果，能够更好地确定未来备用容量存在的不确定性和面临的风险，及时做出合理的决策。除了负荷预测的不确定性，在系统出现多种容量等级的突发状况时，可以根据需求侧可中断负荷的容量等级及可接受停电程度来决策系统备用容量的可优化程度。

6.2　考虑负荷预测可信度的备用容量规划方法

6.2.1　负荷预测可信度的基本概念

　　电力工作者不仅应该关心负荷预测的结果，还应该了解该负荷预测结果的误差范围。概率性负荷预测方法是用于负荷预测不确定性影响的重要解决方案。概率性负荷预测不仅提供确定的预测结果，还包含未来负荷的概率性分布。然而，概率性负荷预测在实际应用中遇到了很多困难。基于概率性负荷预测的电力系统调度运行的计算量很大且复杂，需要输出每个概率值每个时段的可能负荷情况，而且每个预测值的概率分布函数较难获得，概率分布函数一般通过历史负荷误差数据整理得到，而部分超出历史值的数据则需要额外计算。

针对上述问题，基于负荷预测结果的可信度评估是一个折中的解决方案，这在实际应用中更简单，且可直接应用于支持电力系统的优化调度[1]。负荷预测的可信度代表负荷预测误差的定量规律。

负荷预测准确度一般用于粗略评价负荷预测结果，但其评价方式并不全面，例如，有两个方法可以用来进行某区域的负荷预测，即负荷预测方法 A 和负荷预测方法 B。负荷预测方法 A 一个月的平均准确度为 98%，但是在某些天的准确度可低至 90%，而且低准确度的发生时间及频率是不可预测的。负荷预测方法 B 的平均准确度为 95%，虽然某些天的准确度可能低至 92%，但是准确度较低的日子是可以预见的。很明显，负荷预测方法 A 的平均准确度高于负荷预测方法 B。然而，从实际运行操作的角度来看，负荷预测方法 B 更有利于优化电力系统的调度。因此，需要更全面且适当的评价指标来评价负荷预测的结果。基于上述分析，负荷预测方法 B 具有较高的可信度，基于负荷预测方法 B 的备用容量可以适度降低。因此，可信度分析及预测有助于优化电力系统调度的备用容量。

可信度评估的两个主要特征是负荷预测的误差及误差的规律[2]。误差规律说明负荷预测误差的可预见程度。通常在电力系统中，备用容量以最坏的情况进行安排，负荷预测的不确定性直接决定备用容量的大小。当负荷预测误差的规律不明了时，意味着这一时期的可信度较低，备用容量必须足够大，以应对各种可能的不确定性。相反，当负荷预测误差的规律较为明了时，可相应降低备用容量，例如，对于负荷预测方法 C，由历史负荷数据可知，其在阳光明媚的日子具有较高的负荷预测准确度，则它会比具有同样负荷预测准确度但无其他隐含规律的负荷预测方法 D 的可信度更高。当天气晴朗时，基于负荷预测方法 C 的备用容量可以很小。同样地，如果其他负荷预测方法的预测误差规律(如天气、日类型等)可以被总结出来，那么该负荷预测方法具有较高的可信度。

负荷预测的可信度评估具有如下优势：首先，它比负荷预测方法的概率预测更简单实用，更容易实际操作；其次，它含有比确定性负荷预测方法更多的信息，如前面所述的负荷预测方法 A 和负荷预测方法 B；最后，以负荷预测方法 C 和负荷预测方法 D 为例，负荷预测可信度是减少备用容量的实用方法。

本小节提出几个改进指标来分析负荷预测结果以及负荷预测误差。当绝对误差的平均误差和标准差都偏小，而某些时间点的预测误差较大时，负荷预测的可信度较低，在考虑设置日前发电计划的备用容量时，需要增大系统备用容量。改进了的短期负荷预测可信度评估指标应包括 i 天内 t 个时间点负荷预测误差的误差最大值 S_i、误差最小值 ξ_i 及最大误差峰谷差 B_i。

$$S_i = \sup_i \left\{ L_{f-ij} - L_{a-ij} \right\} \tag{6-1}$$

$$\xi_i = \inf_i \left\{ L_{f-ij} - L_{a-ij} \right\} \tag{6-2}$$

$$B_i = S_i - \xi_i \tag{6-3}$$

式中，L_{f-ij} 为第 i 日 j 时间点的预测负荷；L_{a-ij} 为第 i 日 j 时间点的实际负荷。

第 i 天的负荷峰值时段的平均绝对误差 M_{p-i}、负荷低谷时段的平均绝对误差 M_{v-i} 的定义分别为

$$M_{p-i} = \frac{\sum_{j=p_1}^{p_2} \left(\left| L_{f-ij} - L_{a-ij} \right| \right)}{p_2 - p_1} \tag{6-4}$$

$$M_{v-i} = \frac{\sum_{j=v_1}^{v_2} \left(\left| L_{f-ij} - L_{a-ij} \right| \right)}{v_2 - v_1} \tag{6-5}$$

式中，$[p_1,p_2]$ 和 $[v_1,v_2]$ 分别为第 i 日负荷的高峰时段和低谷时段，一般根据季节及地区的实际情况提前设置。

6.2.2　可信度预测与负荷预测对比

根据负荷预测误差，影响可信度预测的主要因素可归纳为：负荷预测方法、负荷预测的时间尺度以及外部环境。首先，各种负荷预测方法有其自身的优点及较为独特的应用范围，例如，人工神经网络(ANN)预测方法在负荷变化受气象等因素明显影响时可以达到较高的精度，而时间序列预测方法多适用于负荷变化较为规律的情况，支持向量机的预测效果在有较大冲击负荷的较小型电网中相对较差[3-5]。因此，不同的负荷预测方法将产生不同的预测结果，从而导致不同的可信度值[6-11]。其次，越近期的负荷预测，越能准确地把握相应数据情况，可得到更加准确的负荷预测值。因此，短期负荷预测时间尺度将得到较高的可信度值。再次，外部环境包括日类型和天气情况等，对于不同的电网，负荷的组成是不同的，负荷可能会随着外部环境的变化而变化，例如，在多数大城市，节假日负荷与工作日负荷具有较大差距，在周末，负荷将具有更大的不确定性。温度和降雨等是天气条件的重要组成部分。温度将显著影响负荷，而降雨往往伴随着温度的变化。在严寒或炎热的天气，将会有大量取暖或者制冷空调负荷。降雨变化比较快，过去关于降雨的负荷预测不够好，故降雨时负荷不能很好地被预测，负荷预测的不确定性将大幅增加。因此，在周末和雨天的可信度将发生很大的变化。基于上述分析，在负荷预测方法、时间尺度确定的情况下，可信度在周末和雨天会较低。

　　为了解未来日负荷预测可信度的情况，从而进一步更好地安排电力系统调度运行等，本书提出了对未来日的可信度进行预测这一思路。

　　负荷预测和可信度预测存在较多共同点。已知历史的相关因素以及历史的负荷预测可信度，未来相关因素也是知道的，即可基本预测未来的负荷来预测可信度。若能准确预测某种负荷预测方法对应的负荷预测偏差，就说明在某种程度上可以掌握这种方法的可信度。负荷预测的可信度预测可以看作负荷预测内容的一个扩展。负荷预测与可信度预测的比较如表 6-1 表示。

表 6-1　负荷预测与可信度预测的比较

类型	负荷预测	可信度预测
预测主体	每日每时间节点的负荷值	每日负荷预测的可信度值
预测目标	制订电能生产及使用计划	优化备用容量分析负荷预测结果及评价负荷预测方法
预测特点	(1) 明显周期性 (2) 受季节、气候、大型文体活动影响较大	(1) 没有明显周期性 (2) 受外部环境影响较大
主要相关因素	(1) 日类型(工作日或者节假日) (2) 天气因素(温度、降雨等) (3) 电价	(1) 负荷预测方法 (2) 负荷预测的时间尺度(时间越靠近，预测越准确) (3) 受外部因素影响显著，如日类型及气象因素等(尤其是降雨)

　　从表 6-1 及以上分析可以看出，可信度预测类似于负荷预测，故可以将负荷预测方法应用于可信度预测。历史负荷、温度以及其他相关的影响因素可以作为负荷预测的输入，预测的负荷值作为输出，则可信度预测的输入值为历史可信度、日类型和天气情况，输出为预测的未来日可信度值，负荷预测与可信度预测的输入和输出如图 6-1 所示。尽管负荷预测和可信度预测的输入和输出较为相似，但两者相比有一个相当大的差异：由于可信度值并无明显的周期性，时间序列方法将不适用于可信度预测。

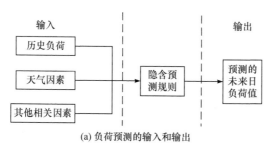

(a) 负荷预测的输入和输出

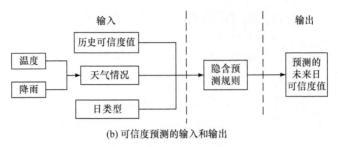

(b) 可信度预测的输入和输出

图 6-1　负荷预测与可信度预测的输入和输出

负荷预测方法，如神经网络和模糊理论等，可以应用于可信度预测。可信度预测的效果可能随着预测方法以及外部影响因素的变化而变化。当使用一个负荷预测方法进行负荷预测时，应采用另一个方法进行此负荷预测方法的负荷预测结果的可信度预测。因为一定的负荷预测方法在处理一些信息或特征时有其自身的缺点，若继续使用该预测方法来预测这个负荷预测结果的可信度，则不能减小该缺点带来的偏差影响。

6.2.3　基于负荷预测可信度的备用容量优化

依据负荷预测的历史数据及气象数据等，预测未来日短期负荷预测可信度，即可进行基于负荷预测可信度的备用容量优化调整。备用容量优化自适应调整根据设定的调整系数以及自适应调整算法，调整未来日备用容量。

根据可信度预测值 C_f 与可信度初始门槛 $C_{f\min}$ 的关系，可采用 5 个等级制定备用容量优化级别，如表 6-2 所示。备用容量自适应优化根据初始备用容量以及负荷预测结果的可信度预测值进行备用容量优化调整。基于负荷预测可信度的备用容量优化算法如图 6-2 所示。因不同电力网络系统具体参数不同，其负荷预测可信度值与备用容量实际使用情况的关系也不同，具体调整参数应参照实际及历史情况综合得出。假设初始备用容量为 P_s，预测结果的可信度初始门槛为 $C_{f\min}$，对负荷预测结果的可信度进行预测，得到实际负荷预测的可信度预测值为 C_f，若 $C_f < C_{f\min}$，则备用容量应维持为 $P = P_s$；若 $C_f \geqslant C_{f\min}$，则不需要较高的备用容量 P_s，可以按照如下公式缩小备用容量：$P = P_s/k$，$1/k$ 代表缩减系数，$1/k \in (0,1)$，缩减系数与 C_f 相关。若可信度预测值 C_f 满足 $C_{f\min} \leqslant C_f < k_1 C_{f\min}$，则备用容量调整为 P_s/k_1；若可信度预测值 C_f 满足 $k_1 C_{f\min} \leqslant C_f < k_2 C_{f\min}$，则备用容量调整为 P_s/k_2；若可信度预测值 C_f 满足 $k_2 C_{f\min} \leqslant C_f < k_3 C_{f\min}$，则备用容量调整为 P_s/k_3；若可信度预测值 C_f 满足 $C_f \geqslant k_3 C_{f\min}$，则备用容量调整为 P_s/k_4。其中，满足 $k_4 > k_3 > k_2 > k_1 > 1$。

表 6-2　基于负荷预测可信度的备用容量优化分级情况

优化级别	可优化程度	启动条件(其中 $k_4 > k_3 > k_2 > k_1 > 1$)
0 级	无	$C_f < C_{f\min}$
1 级	较低	$C_{f\min} \leqslant C_f < k_1 C_{f\min}$
2 级	中等	$k_1 C_{f\min} \leqslant C_f < k_2 C_{f\min}$
3 级	较高	$k_2 C_{f\min} \leqslant C_f < k_3 C_{f\min}$
4 级	很高	$C_f \geqslant k_3 C_{f\min}$

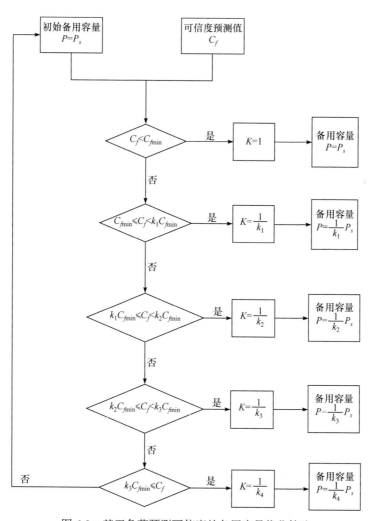

图 6-2　基于负荷预测可信度的备用容量优化算法

6.2.4　负荷备用容量的概率性预测

　　系统选取备用容量时多采用确定性准则，即数值上等于负荷需求加一固定百分数或一台最大机组容量，并不能反映电力系统的负荷变化、用户功率等方面的概率特性，且备用容量的分配受季节、节假日等因素的影响。实际上，年度负荷预测的偏差，使得实际系统的最高负荷可能会大于预测的全年最高负荷，据此设置的备用容量可能不满足系统安全性的要求；系统在大部分运行情况下，负荷量又远小于年度最高负荷，按此方法评估获得的备用容量在大多数情况下偏大，降低了系统运行的经济性。电力系统网络的复杂程度上升，确定性方法求解系统的备用容量会降低系统的安全性及经济性，因此寻找一种合理的求取所需备用容量的方法显得尤为重要。

　　电力系统中蕴含了各种各样的不确定因素，会给包括设置备用容量在内的调度计划决策工作带来一定的风险。6.2.1 节提出的负荷可信度预测方法是为了探索备用容量需求的可压缩程度，而终极解决方案是概率性预测每个时段的备用需求，即在分析得到备用容量使用误差(备用容量的实际使用值与预先安排值的差值)的分布概率时，进一步预测概率性备用容量结果，使调度决策人员能更好地了解历史备用容量误差的统计规律，更好地认识到未来备用容量可能存在的不确定性和面临的风险，提早做出更为合理的决策。因此，研究备用容量的概率性预测具有重要意义。

　　实现负荷备用容量的概率分布及概率性预测的总体框图如图 6-3 所示。其主要思路为：首先利用负荷值法对某地区所记录的历史备用容量数据进行统计，即

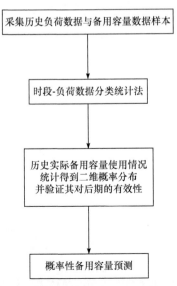

图 6-3　实现负荷备用容量的概率分布及概率性预测的总体框图

可得到历史备用容量误差统计的二维离散概率分布，在验证该概率分布对未来备用容量的有效性后，就可以对确定性备用容量数值进行分析，总结得出备用容量的分布规律，可以得到概率性备用容量预测，并给出不同置信度下备用容量预测的带状分布。

求取某随机事件发生的概率密度分布函数采用如下方式：假设特定的密度分布函数，再根据历史数据拟合该函数参数，将此假定密度分布函数作为历史数据的概率密度分布函数。但此方法具有一定的主观性，需提前设定分布函数。

负荷备用容量的误差是通过对历史上备用容量预留值及其相应实际使用值进行比较得到的。统计分析其长时间备用容量情况，可以发现其中的规律，且其规律随地域及时段而异。例如，两个地区 A、B，通过 3 年的负荷备用容量数据、负荷预测数据、实际负荷量以及气象情况(温度、降雨等)，AB 两地相距不远，气象差距不大，其中地区 A 居民负荷占主导地位，地区 B 工业发达，因此工业负荷较多)，分析负荷备用容量与地区、季节、时段、负荷水平的关系。

地区 A 居民多，晚高峰时段负荷预测误差较大，此时负荷预测的可信度较低，需要较多备用容量来平衡负荷波动；可中断负荷多为工业负荷，在地区 A 分布较少，可调用的可中断负荷作为备用容量情况较少；各电网均提高了居民负荷等级，提升了居民用电服务，尽量减少居民停电情况，地区 A 尽量避免因备用容量不足而损失居民负荷的情况；地区 B 工业负荷占主导，故整体来说，地区 A 备用容量应比地区 B 高。

第 i 日备用容量值设置为 $R_{it} = \{R_{it}, t = 1, 2, \cdots, T\}$，$T$ 表示每日的时段数。备用容量的大小用各个时段的备用容量占最大发电负荷的百分比表示，即

$$v_{it} = \frac{R_{it}}{L} \times 100\%, \quad t = 1, 2, \cdots, T; i = 1, 2, \cdots, n, n+1, \cdots, N \tag{6-6}$$

式中，t 为时段点号；$i = 1, 2, \cdots, n, n+1, \cdots, N$ 为样本日；N 为备用容量样本的总天数；L 为最大发电负荷。

将备用容量样本分为两个子集，前 n 天作为子集 I，第 $n+1$ 到 N 天作为子集 II，子集 I 用于统计备用容量的分布特性，子集 II 用于验证统计规律的有效性，验证后，即可对未来的某日进行概率性备用容量预测。

不同地区、不同季节的备用容量会随着时段、负荷水平等因素的变化而有较大不同。本节将针对特定区域和季节进行分析。影响备用容量的两个重要因素为：所处时段、负荷水平及其波动性。二维概率分布 $f(C_k, P_j)$ 描述负荷备用容量随时段和负荷的变化规律。其中，C_k 表示时段分区，不同时段的负荷波动情况相差较远，相对地，备用容量差距较大，因此在对该季度的备用容量变化趋势进行分析时，将一天负荷段划分为若干时段分区；P_j 表示负荷水平，用于描述负荷水平及其波动性的特征量。

按时段、负荷水平对负荷备用容量误差曲线进行分析，得到离散确切概率分布函数，形成各个时段内不同负荷水平分区下的概率分布曲线簇。本章采取负荷值法。

(1) 因为不同时段下备用容量的波动情况有可能相差较远，所以可以对该地区该季度的典型备用容量曲线进行分析，根据某个设定的规则将一天负荷段划分为 M 段，每段记为 $C_k(k=1,2,\cdots,M)$，C_k 中含有 Q_k 个时段点。

(2) 将第 C_k 类的备用容量数据按负荷值的大小进行分类，由于对负荷值的划分需要考虑备用容量样本的分配，所以需要进行二重划分。

首先，以某一负荷值步长 ΔL 为分类尺度，样本再划分需要兼顾两个原则：一是设置一个恰当的样本数参考区间 $[l-\delta,l+\delta]$（l 表示合适的样本个数，δ 为波动范围）；二是若在合并过程中出现不增加分区样本达不到要求，但增加分区将超出参考区间范围的情况，则选择与参考区间相差较小的情况作为分区的方案。

通过上述方法对数据进行处理后，可以得到 W 层负荷分区 $D_{kj}(j=1,2,\cdots,W)$，D_{kj} 中含有 R_{kj} 个备用容量样本。

(3) 计算第 $D_{kj}(j=1,2,\cdots,W)$ 层的备用容量误差样本 $v_r(r=1,2,\cdots,R_{kj})$。

选取一个合适的容量步长作为备用容量实际值区域间隔的宽度，根据备用容量使用情况将样本点集中到相应的间隔内，可得到备用容量误差的样本点的分布情况，经统计可得到每个备用容量误差区域间隔内的样本个数分别为 $\omega_1,\omega_2,\cdots,\omega_s,\cdots,\omega_S$，且 $\sum\limits_{s=1}^{S}\omega_s=R_{kj}$，因此可以根据备用容量误差间隔内的样本个数得到

$$f_s=\frac{\omega_s}{R_{kj}}, \quad \sum\limits_{s=1}^{S}\omega_s=R_{kj} \tag{6-7}$$

当 R_{kj} 充分大时，即可将 f_s 视为第 C_k 时段的第 D_{kj} 层负荷分区的备用容量误差的离散确切概率分布情况。

(4) 对全体历史数据遍历一遍，即可得到以负荷值为分类标准的备用容量统计表。

通过对历史备用容量误差进行统计，可以得到备用容量误差的历史统计概率分布情况。但是在利用该统计结果进行概率性备用容量预测之前，需要检验求得的统计分布是否具有使用价值。因此，本书提出一种检验思路。

① 假设历史统计样本的后 7 日备用容量误差作为未来一周的备用容量误差数据样本，仿照 3.2 节的统计方法对未来一周的备用容量误差概率分布进行统计，需要注意的是，对负荷段的合并需要考虑到 7 日的备用容量样本个数以及分布的

均匀性问题，此时，需要对原始的统计规律进行适当修改，以确保有效性检验是在同一时段的同一负荷段内进行的。

② 有效性检验需要从离散确切概率分布和累计概率分布两个角度进行，可以直接从前面的内容得到离散确切概率分布，累计概率 $F(x)$ 的公式为

$$F(x) = P\{X \leqslant x\} \tag{6-8}$$

假设某负荷段的概率为 x，后 7 日相应负荷段的概率为 y，则可计算二者的离散确切概率分布及累计概率分布的相关系数。相关系数越大，说明统计规律对未来 7 日的备用容量误差波动的模拟效果越好，在实际使用中也越有实用价值，同时该备用容量的统计规律对未来单日的备用容量预测同样有效。

统计规律得到的离散确切概率分布的相关系数反映的是二者离散概率分布的相似程度，但也可能出现由样本量不足导致较大差异的情况；累计概率分布的相关系数则表明误差分布的统计规律的相似程度，是从整体角度去描述概率相似情况的指标，可以较好地反映各段误差的概率在整个区间上出现的频率。

概率性备用容量预测是常规确定性备用容量设置工作的延伸。在验证了备用容量误差确切离散概率分布具有实用价值之后，即可利用该统计规律分析其备用容量总体的确定性值在每个负荷水平上的可能分布情况，以给出未来备用容量可能取值的概率性结果，反映了预测工作中隐含的风险因素，为将来供电企业可能遇到的风险问题及可靠性问题研究提供了决策依据。

利用常规较为成熟的负荷预测方法获得第二日(设为第 A 日)96 个时间点的负荷预测值，通过查找历史统计数据相应负荷值的备用容量误差统计表，得到该负荷水平的备用容量误差百分比离散概率分布，将其转为备用容量值，得到类似如图 6-4 所示的概率分布曲线，图中 σ 为备用容量使用相对误差的标准差。

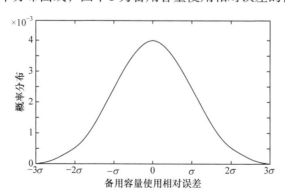

图 6-4　t 时段备用容量实际使用情况概率分布曲线

遍历一遍全天的负荷点，即可得到负荷备用容量的概率密度估计结果。

前面分析得到了备用容量误差的概率分布结果。然而，结果离散地反映了每

个负荷水平可能出现的概率，无法反映整体的波动情况。因此，为能够估计出备用容量变化的范围，并得知这个范围内设置备用容量的可信程度，本节采用区间估计来反映备用容量可能波动的区域。

对于给定值 $\alpha(0<\alpha<1)$，根据置信区间的定义，对于任意备用容量 P 满足

$$P\left\{\hat{P}_{\min}<P<\hat{P}_{\max}\right\}\geqslant 1-\alpha \tag{6-9}$$

则称随机区间 $\left(\hat{P}_{\min},\hat{P}_{\max}\right)$ 是 P 的置信区间，其置信水平为 $1-\alpha$，$\hat{P}_{\min}$ 是置信水平为 $1-\alpha$ 的置信区间的置信下限，同理 $\hat{P}_{\max}$ 为置信上限。因为统计规律是离散的概率分布，所以用插值法寻找 $\hat{P}_{\min}$ 和 $\hat{P}_{\max}$。

给定一个 α 值，遍历 96 个时间点，获得 96 个置信区间 $\left(\hat{P}_{\min},\hat{P}_{\max}\right)_t$ $(t=1,2,\cdots,96)$，再将其首尾串联可以构成 α 置信度下负荷备用容量的上下两条置信区间包络线，区间备用容量预测结果示意图(含包络线)如图 6-5 所示。

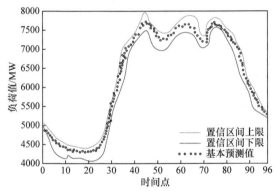

图 6-5　区间备用容量预测结果示意图(含包络线)

6.3　考虑负荷时间弹性的备用容量规划方法

6.3.1　负荷时间弹性的定性分析

负荷时间弹性是指电力负荷在用电时间上选择余地的大小[12]。国际上将用电负荷分为工业用电、农业用电、交通运输业用电、城乡居民生活用电、商业负荷用电五类。考虑用电负荷分类的负荷时间弹性如图 6-6 所示。

电力用户的负荷曲线反映其用电情况及特性，故通过负荷曲线可以初步定性识别负荷的时间弹性性能。

1. 负荷率

常规负荷率的定义公式为

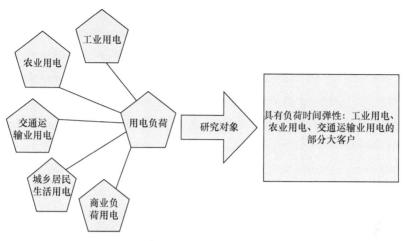

图 6-6 考虑用电负荷分类的负荷时间弹性

$$\eta_i = \frac{P_{\text{avi}}}{P_{\max i}} \tag{6-10}$$

式中，i 为年、季、月、周、日等时间尺度；P_{avi}、$P_{\max i}$ 分别为此时间尺度下的平均负荷值、最大负荷值。

2. 用电曲线形状相似度

根据统计学数据处理方式，用户用电曲线形状比较模型可以近似拟合成以下所示的函数。

这里，以年为时间尺度进行说明。取该类电力用户近 5 年的典型年负荷曲线，以年平均负荷为基值，将负荷标幺化，得到 a 年 m 月的负荷 P_{am} 为

$$P_{am} = L_{am} / \overline{L}_a \tag{6-11}$$

式中，a 为年份，$a = 1, 2, \cdots, 5$；m 为月份，$m = 1, 2, \cdots, 12$；L_{am} 为 a 年 m 月的电力负荷；$\overline{L}_a$ 为 a 年的年平均负荷。

将 5 年相对应的 12 个月的负荷值进行均方差计算，可得 12 个月的均方差值 σ_m 为

$$\sigma_m = \sqrt{\frac{1}{5} \sum_{a=1}^{5} (P_{am} - \mu_m)^2} \tag{6-12}$$

式中

$$\mu_m = \frac{1}{5} \sum_{a=1}^{5} P_{am} \tag{6-13}$$

将 σ_m 进行均方差计算，得到每个月的均方差值 σ_a 为

$$\sigma_a = \sqrt{\frac{1}{12}\sum_{m=1}^{12}(\sigma_m - \mu_a)^2} \tag{6-14}$$

式中

$$\mu_a = \frac{1}{12}\sum_{m=1}^{12}\sigma_m \tag{6-15}$$

σ_a 为衡量形状相似度的一个均方差值。

3. 负荷曲线反映的时间弹性

根据区域负荷特点，分别设定门槛值参数 $\overline{\eta_i}$ 和 $\overline{\sigma_a}$。若此负荷率 $\eta_i \leqslant \overline{\eta_i}$，则认为其负荷具有负荷时间弹性讨论的可能，再比较其均方差值 σ_a；若 $\sigma_a \geqslant \overline{\sigma_a}$，则认为负荷有时间弹性。此方法可初步支持有序用电等的优化，也可为深入量化负荷时间弹性提供支持。参与需求响应程度级别及其判断标准如表 6-3 所示。

表 6-3　参与需求响应程度级别及其判断标准

等级	判断标准
$N_r = 1$	$r_{nom} \leqslant P_{int}/W_{tot} < r_{hea}$ $r_{nom} \leqslant W_{sto}/W_{tot} < r_{hea}$ $r_{nom} \leqslant W_{self}/W_{tot} < r_{hea}$
$N_r = 2$	$r_{hea} \leqslant P_{int}/W_{tot} < r_{ext}$ $r_{hea} \leqslant W_{sto}/W_{tot} < r_{ext}$ $r_{hea} \leqslant W_{self}/W_{tot} < r_{ext}$
$N_r = 3$	$r_{ext} \leqslant P_{int}/W_{tot}$ $r_{ext} \leqslant W_{sto}/W_{tot}$ $r_{ext} \leqslant W_{self}/W_{tot}$

表 6-3 中：N_r 为参与需求响应程度级别，其值为 1 时，表示轻度响应，其值为 2 时，表示中度响应，其值为 3 时，表示重度响应；P_{int} 为用户的可中断负荷容量；W_{sto} 为用户储能设备容量；W_{self} 为用户自备发电设备容量；W_{tot} 为用户的总容量；r_{nom}、r_{hea} 和 r_{ext} 分别为轻度、中度和重度的参与需求响应程度判断标准，根据地区经济发展水平及电力设备智能化水平的差异，r_{nom}、r_{hea} 和 r_{ext} 可选取不同的值。用户参与需求响应程度级别 1、2 和 3 分别对应用户具有较小负荷时间弹性、用户具有部分时间弹性和用户具有较大时间弹性。此方法可为分时电价的优化提供支持。

6.3.2　负荷时间弹性的定量分析

衡量电力负荷时间弹性的大小关键是，此用户从一个时段转移到另一个时段所需花费的成本，成本越小，一般负荷时间弹性越大[13]。

电量挪动成本是用户在此挪动电量行为中挪动能力大小的直观反映。用户未能在某时段补用的电量所造成的停电损失可视为用户电量挪动成本。本小节采用分类用户单位停电损失函数(sector custom unit damage function，SCUDF)来估算用户电量挪动成本，即

$$SCUDF = \frac{\sum_{i=1}^{n} x_i y_i}{\sum_{i=1}^{n} x_i^2} \tag{6-16}$$

式中，x_i、y_i分别为 n 年的分类用户用电量及相应的地区生产总值；SCUDF 单位为元/(kW·h)。

此时在某给定时间尺度下电量挪动成本函数为

$$P_C = (1-k) \cdot SCUDF \cdot t \cdot W_{short} \tag{6-17}$$

式中，k 为损失电量比例，由用户生产特性决定，取决于 t_{len}、P_{per}、t_{adv}，其分别代表停电时间长短、停电容量占总容量比例、提前通知时间；W_{short} 为停电容量；t 为时段选择影响系数，受用户特性影响，其取值为

$$t = \begin{cases} t_1 \\ t_2 \\ t_3 \end{cases} \tag{6-18}$$

式中，t_1 为负荷从某个指定时段转移到另一个指定时段对挪动容量的影响；t_2 为负荷从某个指定时段移动到某个不限定时段对挪动容量的影响；t_3 为负荷从系统的高峰时段转移到低谷时段对挪动容量的影响。

另一个量化电力负荷时间弹性的方式是衡量此用户在几乎不产生成本的情况下，在一个给定时间尺度上挪动容量占其总容量的比例，即

$$K_{ela} = \frac{t \cdot W_{short}}{W_{tot}} \tag{6-19}$$

式中，K_{ela} 为挪动比例，一般情况下取值在 0~1，但该比例依赖限制的功率以及限制的时间长度。

为验证本章方法，本算例选取某省工业产业中机械行业和化工行业各一工厂作为案例，从负荷类型、负荷曲线等定性角度，以及电量挪动比例等定量角度进行日时间弹性分析，讨论其在一天之内适量调节用电时间的能力。

机械行业和化工行业均属于工业用电，由于其生产工艺与生产班次等特点，其用电量负荷率较低，但均具有时间弹性。

　　由某省各厂负荷数据曲线依照本章方法计算得出某厂 3 月和 9 月日负荷率与均方差值，如表 6-4 所示。

表 6-4　某厂 3 月和 9 月日负荷率与均方差值

时间	工厂	日负荷率	均方差值
3 月	机械行业某厂	0.7114	0.0076
	化工行业某厂	0.9215	0.0160
9 月	机械行业某厂	0.5023	0.0329
	化工行业某厂	0.7758	0.0210

　　根据某省的负荷特点，令 $\overline{\eta_i}=0.8$、$\overline{\sigma_a}=0.01$，由表 6-4 的数据可知，机械行业某厂和化工行业某厂 3 月分别有数据无法跨过门限值，则认为其 3 月无负荷时间弹性讨论的可能。由实际情况可知，3 月为该厂生产旺季，持续生产，实际上无负荷时间弹性。9 月日负荷率和均方差值均符合门限值要求，认为其日负荷具有负荷时间弹性。

　　某厂 9 月电量挪动比例及各相关数据详见表 6-5。

表 6-5　某厂 9 月电量挪动比例及各相关数据

工厂	K_{ela}	t	W_{short}	W_{tot}
机械行业某厂	0.3980	$t_2=0.8$	8.3331	16.7453
	0.0995	$t_3=0.2$	8.3331	16.7453
化工行业某厂	0.1794	$t_2=0.8$	20.2994	90.5222
	0.1127	$t_3=0.5$	20.2994	90.5222

　　表 6-5 中，W_{short} 取值依据某厂的非刚性负荷(以最大负荷与平均负荷差值估算)。由表 6-5 可知，机械行业某厂从高峰时段挪动到低谷时段的负荷时间弹性大于化工行业某厂，因此实施分时电价方案时需重点考虑机械行业某厂；但化工行业某厂从某指定时段挪动到非指定时段的负荷时间弹性大于机械行业某厂的负荷时间弹性，因此在考虑对挪动时段要求不严格的可中断负荷方案执行时，应重点考虑化工行业某厂。

6.3.3　基于负荷时间弹性的备用容量优化

　　为考虑系统将可能出现的多种容量等级的突发状况，以负荷时间弹性为出发点研究需求侧可中断负荷容量的容量等级及可接受停电程度等，可以此决策系统备用容量的可优化程度。

用户的负荷时间弹性反映了用电侧的用电状况。某些用户的负荷时间弹性高，当系统发生突发状况时，紧急停止对其供电，对用户的生产生活不会造成较大影响，且这类用户较大概率会在事后将损失的负荷在其他合理时段补上，不会对供电公司售电量造成较大影响，在用户及供电公司双赢的基础上，可大大提升系统经济性。基于负荷时间弹性来优化备用容量，保证了经济性，售电量不会损失，对用户的生产生活不会造成较大影响。

若该地区大部分用户的负荷时间弹性较低，其负荷多属于刚性需求，负荷变动范围不大，在时间上的选择余地也不大。当系统发生突发状况时，若紧急停止对其供电，对用户的生产生活会造成较大影响，且其基本不会或较难在其他时段弥补缺失负荷，可能对供电公司售电量存在较大影响。在负荷时间弹性较低用户较多的地区，应该保持较高备用容量，以保证用户正常的生产生活。

综上所述，可以根据某地区用户负荷时间弹性的整体水平相应调整系统备用容量。综合当地实际情况，根据需要综合考虑备用容量实际情况，设定合适的响应时间尺度，根据季节、天气设定相应考虑负荷时间弹性的计算方法，计算出相应的可进行横向比较的负荷时间弹性值，即可优化调整备用容量。备用容量优化自适应调整根据设定的调整系数以及自适应调整算法来调整未来日备用容量。

通过比较某区域某时间尺度下整体负荷时间弹性水平 E_t 与负荷时间弹性整体水平初始门限 $E_{t\min}$ 的关系，可采用 5 个等级制定备用容量优化级别，如表 6-6 所示。

表 6-6　基于负荷时间弹性的备用容量优化级别情况

优化级别	可优化程度	启动条件(其中 $k_4 > k_3 > k_2 > k_1 > 1$)
0 级	无	$E_t < E_{t\min}$
1 级	较低	$E_{t\min} \leqslant E_t < k_1 E_{t\min}$
2 级	中等	$k_1 E_{t\min} \leqslant E_t < k_2 E_{t\min}$
3 级	较高	$k_2 E_{t\min} \leqslant E_t < k_3 E_{t\min}$
4 级	很高	$E_t \geqslant k_3 E_{t\min}$

备用容量自适应优化根据初始备用容量以及区域内某时间尺度下的负荷时间弹性整体水平进行，基于负荷时间弹性的备用容量优化算法如图 6-7 所示。因不同电力网络系统的具体参数不同，其负荷时间弹性整体水平值与备用容量实际使用情况的关系也不同，具体调整参数应参照实际情况及历史情况综合得出。假设初始的备用容量为 P_s，负荷时间弹性整体水平初始门限为 $E_{t\min}$。对某区域内某时

间尺度下的负荷时间弹性整体水平进行评估，得到实际值为 E_t ，若 $E_t < E_{t\min}$ ，则备用容量应维持为 $P = P_s$ ；若 $E_t \geqslant E_{t\min}$ ，则不需要较高的备用容量 P_s ，可以按照如下公式缩小备用容量： $P = P_s / k$ ， $1/k$ 代表缩减系数， $1/k \in (0,1)$ ，缩减系数与 E_t 相关。若负荷时间弹性整体水平 E_t 满足 $E_{t\min} \leqslant E_t < k_1 E_{t\min}$ ，则备用容量调整为 P_s / k_1 ；若负荷时间弹性整体水平 E_t 满足 $k_1 E_{t\min} \leqslant E_t < k_2 E_{t\min}$ ，则备用容量调整为 P_s / k_2 ；若负荷时间弹性整体水平 E_t 满足 $k_2 E_{t\min} \leqslant E_t < k_3 E_{t\min}$ ，则备用容量调整为 P_s / k_3 ；若负荷时间弹性整体水平 E_t 满足 $E_t \geqslant k_3 E_{t\min}$ ，则备用容量调整为 P_s / k_4 。其中， $k_1 \sim k_4$ 满足 $k_4 > k_3 > k_2 > k_1 > 1$ 。

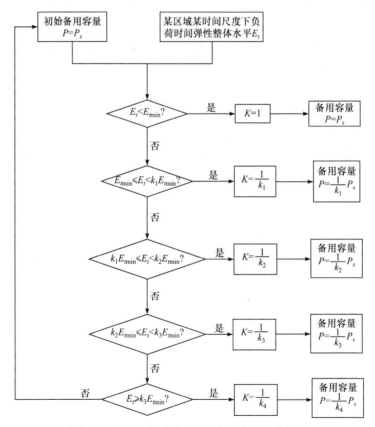

图 6-7　基于负荷时间弹性的备用容量优化算法

6.4　本 章 小 结

本章提出了智能电网下用户负荷时间弹性概念及定性定量分析，针对用户在不同时段、不同负荷值、不同外部环境下，负荷时间弹性的不同变化，提出从多角度衡量的评估方式。这些角度都具有一定的可操作、评估结果可信的优点，可以综合应用，综合评估所得结果更具说服力。负荷时间弹性可为需求响应、分时电价、有序用电优化等应用提供支持。以某省工业产业中机械行业和化工行业各一工厂为例，从负荷类型、负荷曲线等定性角度及电量挪动比例等定量角度进行日时间弹性分析，讨论其在一天之内负荷时间弹性，证明讨论某地区用户整体负荷时间弹性水平的可行性。为考虑系统可能出现的多种容量等级的突发状况，以负荷时间弹性为出发点研究需求侧可中断负荷容量的容量等级及可接受停电程度等，可以据此决策系统备用容量的可优化程度。本章通过讨论某地区用户的负荷时间弹性整体水平与备用容量的关系，提出了考虑负荷时间弹性的备用容量优化方案。

参 考 文 献

[1] Zhang Z K, Li C B, Cao Y J, et al. Credibility assessment of short-term load forecast in power system[C]. IEEE PES Innovative Smart Grid Technologies, Tianjin, 2012: 1-5.

[2] 张智焜. 负荷预测可信度分析及在海岛供电系统优化调度中的应用[D]. 长沙: 湖南大学, 2013.

[3] Zhang R, Dong Z Y, Xu Y, et al. Short-term load forecasting of Australian National Electricity Market by an ensemble model of extreme learning machine[J]. IET Generation, Transmission & Distribution, 2013, 7(4): 391-397.

[4] Chakhchoukh Y, Panciatici P, Mili L. Electric load forecasting based on statistical robust methods[J]. IEEE Transactions on Power Systems, 2011, 26(3): 982-991.

[5] Han X S, Han L, Gooi H B, et al. Ultra-short-term multi-node load forecasting—A composite approach[J]. IET Generation, Transmission & Distribution, 2012, 6(5): 436-444.

[6] 张伏生, 汪鸿, 韩悌, 等. 基于偏最小二乘回归分析的短期负荷预测[J]. 电网技术, 2003, 27(3): 36-40.

[7] Massaoudi M, Refaat S S, Chihi I, et al. A novel stacked generalization ensemble-based hybrid LGBM-XGB-MLP model for Short-Term Load Forecasting[J]. Energy, 2021, 214: 118874.

[8] Chen K J, Chen K L, Wang Q, et al. Short-term load forecasting with deep residual networks[J]. IEEE Transactions on Smart Grid, 2019, 10(4): 3943-3952.

[9] Kong W C, Dong Z Y, Jia Y W, et al. Short-term residential load forecasting based on LSTM recurrent neural network[J]. IEEE Transactions on Smart Grid, 2019, 10(1): 841-851.

[10] Ribeiro A M N C, do Carmo P R X, Rodrigues I R, et al. Short-term firm-level energy-consumption forecasting for energy-intensive manufacturing: A comparison of machine learning and deep learning models[J]. Algorithms, 2020, 13(11): 274.

[11] Imani M, Ghassemian H. Residential load forecasting using wavelet and collaborative representation transforms[J]. Applied Energy, 2019, 253: 113505.

[12] 熊信银, 步涵. 电气工程基础[M]. 武汉: 华中科技大学出版社, 2005.

[13] 于尔铿, 刘广一, 周京阳. 能量管理系统[M]. 北京: 科学出版社, 2001.

第 7 章　智能电网管理水平评价体系设计

7.1　概　　述

电网作为经济社会发展的重要基础设施，是实现能源转化和电力输送的物理平台，也是实现大范围资源优化配置、促进市场竞争的重要载体。随着先进的智能传感器技术、网络通信技术以及自动化技术的应用，电网成为更加智能化的智能电网[1,2]。智能电网在积极应对气候变化、保障国家能源安全、促进绿色经济发展方面具有重要意义，是现代电网发展的必然趋势[3]。

智能电网的管理水平是建设一流智能电网的前提，健全的智能电网管理水平评价体系是对管理水平能力的保障。传统电网中智能电网试点项目的管理水平评价指标只针对智能电网开展专项评估，各个评估对象之间相互独立，缺乏相互影响的考虑和综合评判的职能，无法全面评估智能电网的管理水平。建立综合管理指标体系，确定各综合管理指标权重，并基于权重评估综合管理效率，利用大数据挖掘和人工智能调度方法，量化智能电网管理水平评价指标，是设计智能电网管理水平评价体系、全面评估智能电网管理水平的有效方法。

7.2　综合管理指标体系构建模块

遵循全面性原则、系统性原则、科学性原则、功能性原则、可操作性原则、区域性与行业性原则、动态性与继承性原则来选取电网公司综合管理指标，构建省级电网公司综合管理指标体系，示意图如图 7-1 所示。

如图 7-1 所示，综合管理指标主要分为六大类，分别为坚强性综合管理指标、可靠性综合管理指标、经济性综合管理指标、环保性综合管理指标、互动性综合管理指标和高效性综合管理指标。

其中，坚强性综合管理指标描述的是硬件设备承受负荷发生变化的能力，具体指标如表 7-1 所示。

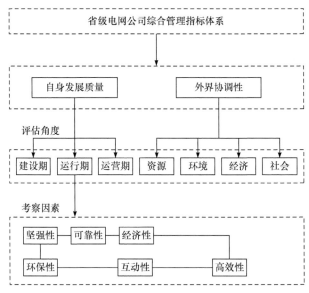

图 7-1　省级电网公司综合管理指标体系示意图

表 7-1　坚强性综合管理指标

一级指标	二级指标	三级指标
坚强性综合管理指标	系统抗灾性能	灾害监测能力
		防灾设备比例
	电网输送能力	智能变电站比例
	网架结构	输电装置容量
		电源新增调峰容量率
		优质工程率
		总装机容量
		$N-1$ 通过率
		平均单回线路长度
		负荷率
		容载比

可靠性综合管理指标描述的是电网及其设备是否能够满足用户的电能需求，具体指标如表 7-2 所示。

表 7-2　可靠性综合管理指标

一级指标	二级指标	三级指标
可靠性综合管理指标	停电损失	电网单位时间平均直接停电损失
		电网单位时间平均间接停电损失
		用户单位时间平均直接停电损失
		用户单位时间平均间接停电损失
	停电时间	电网资产运行维护费
		用户故障平均停电时间
	供电安全	电压合格率
		开关无油化率
		供电可靠性
		变电站自动化率
		最大负荷
		退役设备平均寿命
		最大负荷利用小时数
		系统频率合格率
		电网容量
		全省用电量增长率

经济性综合管理指标描述的是电网建设投入、运维效益以及社会效益情况，具体指标如表 7-3 所示。

表 7-3　经济性综合管理指标

一级指标	二级指标	三级指标
经济性综合管理指标	购电成本	输配电价
		平均购电电价变化率
	售电收入	单位电网投资增售电量
		售电量变化率
		平均售电电价变化率
	电网运营成本	智能化投资
		单位电网资产售电量
		电网总投资
		用户信息采集建设投资
		单位电网资产供电负荷

一级指标	二级指标	三级指标
经济性综合管理指标	电力市场交易	单位电网投资增供负荷
		单位电网资产售电收入
		电网损耗折价

环保性综合管理指标描述的是环境友好程度，具体指标如表 7-4 所示。

表 7-4　环保性综合管理指标

一级指标	二级指标	三级指标
环保性综合管理指标	环境友好设备投入	发电环保设施比例
		环保材料使用比例
		节能型设备使用比例
	清洁能源发电	节约标煤
		清洁能源发电减排量
		减排二氧化硫
		新能源发装机比例
	清洁能源利用效率	水土保持通过率
		可再生能源发电量
		环评通过率

互动性综合管理指标描述的是对用户个性化供电服务要求满足程度以及供电方案可选择程度，具体指标如表 7-5 所示。

表 7-5　互动性综合管理指标

一级指标	二级指标	三级指标
互动性综合管理指标	供电服务	高级量测体系结构比例
		电力光纤到户比例
		个性化服务满足度
		电力客户服务系统比例
	供电方案	供电方案可更改性
		可选择方案数量

高效性综合管理指标描述的是电网能源利用率、电网输送效率、电网运行效率以及智能设备投入等,具体指标如表 7-6 所示。

表 7-6　高效性综合管理指标

一级指标	二级指标	三级指标
高效性综合管理指标	电网能源利用率	供电人数
		发电能源装机容量
		电力弹性系数
		新能源装机容量
		单位 GDP 电耗
	电网输送效率	电网输送距离
		电网输送容量
		电网输送损耗
	电网运行效率	$N-2$ 通过率
		智能诊断准确率
		智能预测准确率
	智能设备投入	项目建设投资
		智能化巡检比例
		电网设备可用系数
		调度技术支持系统投资

7.3　综合管理指标权重确定模块

综合管理指标权重由主观权重与客观权重共同决定,应用层次分析法与熵权法分别计算综合管理指标主观权重与客观权重,通过线性加权组合法确定综合管理指标权重。

主观权重确定步骤如下。

步骤 1:依据上述综合管理指标体系构造判断矩阵,表达式为

$$A_{ij} = \begin{bmatrix} a_{11} & a_{12} & \cdots & a_{1m} \\ a_{21} & a_{22} & \cdots & a_{2m} \\ \vdots & \vdots & & \vdots \\ a_{n1} & a_{n2} & \cdots & a_{nm} \end{bmatrix} \tag{7-1}$$

式中,a_{ij} 为 i 综合管理指标对比 j 综合管理指标得到的评分结果均值。

步骤 2：对判断矩阵各列进行求和，得到和值向量为 $B_j = [b_1, b_2, \cdots, b_m]$。

步骤 3：归一化处理特征向量，得到 $C_{ij} = A_{ij} / B_j$。

步骤 4：计算主观权重向量，表达式为

$$\omega_i = \frac{\sum\limits_{j=1}^{m} c_{ij}}{\sum\limits_{i=1}^{n}\sum\limits_{j=1}^{m} c_{ij}} \tag{7-2}$$

客观权重确定步骤如下。

步骤 1：采集原始综合管理指标，并对其进行标准化处理，得到标准化指标向量为

$$Y_{ij} = \begin{bmatrix} y_{11} & y_{12} & \cdots & y_{1m} \\ y_{21} & y_{22} & \cdots & y_{2m} \\ \vdots & \vdots & & \vdots \\ y_{n1} & y_{n2} & \cdots & y_{nm} \end{bmatrix} \tag{7-3}$$

式中，y_{ij} 为第 j 个区域中第 i 个综合管理指标的标准化值。

步骤 2：计算综合管理指标 y_i 不确定度，表达式为

$$H(y_i) = -\sum_{j=1}^{n}\left(\frac{1+y_{ij}}{y_i}\ln\frac{1+y_{ij}}{y_i}\right) \tag{7-4}$$

式中，n 为综合管理指标总数量。

步骤 3：计算综合管理指标信息熵，表达式为

$$e(y_i) = \frac{H(y_i)}{\ln n} \tag{7-5}$$

步骤 4：计算客观权重向量，表达式为

$$\mu_i = \frac{1 - e(y_i)}{n - \sum\limits_{i=1}^{n} e(y_i)} \tag{7-6}$$

依据上述获得的主观权重与客观权重数值，利用下述公式确定综合管理指标权重：

$$\theta_i = \alpha_s \omega_i + (1 - \alpha_s)\mu_i \tag{7-7}$$

式中，α_s 为主观权重重要程度，范围为 $[0,1]$。

7.4　综合管理效率评估模块

以上述确定的综合管理指标权重为依据，应用柯布-道格拉斯生产函数评估综合管理效率。综合管理效率由技术效率与配置效率决定，具体评估过程如下所示。

柯布-道格拉斯生产函数的表达式为

$$\ln y_{it} = \theta_i \cdot A_0 + \alpha_{it} \ln k_{it} + \beta_{it} \ln l_{it} + v_{it} - u_{it} \tag{7-8}$$

式中，y_{it} 为在 t 时期的实际产出；A_0 为初始参数；α_{it} 与 β_{it} 为弹性系数；k_{it} 与 l_{it} 分别为电网建设投入量与人力资源配置量；v_{it} 与 u_{it} 分别为电网企业随机误差与技术非效率项。

由式(7-8)得到技术效率为

$$r_{it} = y_{it} \sqrt{y_{it}} = e^{-u_{it}} \tag{7-9}$$

将式(7-9)代入式(7-8)，进一步获得配置效率为

$$r_{it}^a = \exp\left[-u_{it} \left(\frac{1}{\alpha_{it} + \beta_{it}} + 1 \right) \right] \tag{7-10}$$

通过上述软件模块的设计，实现了综合管理指标复杂性评估系统的运行。

7.5 基于熵权法的智能电网管理水平评价指标量化方法

基于熵权法的智能电网管理水平评价指标量化方法，提取智能电网管理水平评价体系的熵权特征量，结合大数据挖掘和智能调度，实现智能电网管理水平评价指标的量化分析。

7.5.1 智能电网管理水平评价的约束参数

为实现智能电网管理水平评价指标量化分析，采用多直流馈入方法构建智能电网管理水平评价指标体系与约束参数模型。首先，采用零序功率法，得到智能电网管理水平评价的标准量化时间序列 $\{x_n\}$、智能配电网的空间采样时间延迟 n_s、五次谐波时值 t、首次谐波时值 t_0，采用配电线路的谐波振荡抑制方法得到折反射行波分布为

$$x_n = h(t_0 + n_s \Delta t) + \omega_n \tag{7-11}$$

式中，$h(\cdot)$ 为智能电网管理水平评价指标量化分析的统计时间序列；ω_n 为配电网运行的三相工频电气量。

通过对智能电网初始电压电流中的行波分量进行模糊约束重构分析，可得智能电网管理水平评价指标的关联维分布矩阵为

$$L = \begin{bmatrix} a_1 & a_{1+\tau} & \cdots & a_{1+(m-1)\tau} \\ a_2 & a_{2+\tau} & \cdots & a_{2+(m-1)\tau} \\ \vdots & \vdots & & \vdots \\ a_{N-1} & a_{N-1+\tau} & \cdots & a_{N-1+(m-1)\tau} \end{bmatrix} \tag{7-12}$$

式中，m 为工频电气变化量；τ 为潮流参数；N 为智能电网管理水平评价指标数量；a 为电压电流行波分量。

通过子空间约束重组的方法，得到智能电网管理水平的量化评价分布序列，在重构的相空间内，构建智能电网管理水平评价指标量化分析的主成分分量为 $M(M = U \cdot S \cdot C)$，通过电压电流行波分析的方法，得到智能电网管理水平评价指标的层次分析模型，智能电网管理水平评价的标准属性集为 S，多元指标参数为 U 和 C，得到电网管理水平的指标量化线性相关矩阵。利用小波变换极大值分解的方法，得到特征分布映射、初始电压电流行波分量、相空间中的初始电压电流行波分布，得到的智能电网管理水平评价的标准属性集为

$$S = \mathrm{diag}(\sigma_1, \sigma_2, \cdots, \sigma_k) \tag{7-13}$$

式中，σ 为智能电网管理水平评价标准量；k 为标准属性集的元素数量。

对任意一个正交矩阵，通过高频分量衰减约束的方法，得到智能电网管理水平评价指标质量的属性特征集重构轨迹矩阵 S'，结合无功潮流耦合分析方法进行智能电网管理水平的参数分析，通过恒功率、恒电流补偿进行量化指标参数约束。

建立智能电网管理的代价约束模型，通过电压电流变化约束分析的方法，求得维数为 $N \times m$ 的智能电网管理水平评价指标质量量化评价特征数据的相空间重构矩阵。考虑配电网分支线路的关联系数 $J_x^{(1)}$、$J_x^{(N)}$，通过第 i 个零模信号进行智能电网管理水平评价指标管理，得到智能电网管理水平评价的潮流参数为

$$\delta x_{i+1} = J_{x_i}^{(1)}(y_i - x_i) \tag{7-14}$$

式中，y_i 为模糊特征向量。

本节有效地获得了理想的电压参数，分析了智能电网管理水平评价的量化特征，得到了电网管理水平评价指标的量化参数，得出了智能电网管理水平评价指标量化参数的相关系数。通过对智能电网管理水平评价指标的定量分析，得到配电网系统运行可靠性参数 ω_n。根据工频电压电流的相位差来评价智能电网的管理水平。结合数据特征挖掘方法，得到电压和电流的幅值和相位分布为

$$A = (1 - \omega_n)x_i + \omega_n \sum_{i=1}^{n} y_i, \quad i = 1, 2, \cdots, n \tag{7-15}$$

进行解耦分析，对于智能电网管理水平评价的系统有功功率点 $\forall i \in S$，通过电网智能调度，功率方向的模块因子为

$$\beta_i = R_{i1}y_i + \sum_{k \in S} R_{ik}Q_k \tag{7-16}$$

式中，R_{ik} 为第 k 个元素下的电阻；Q_k 为第 k 个元素下的电能。

在负荷侧，通过电流的幅值分布进行零序电压的特征分析，得到零序电压为

$$V = \sum_{i=1}^{n} v_i v_\sigma - w \tag{7-17}$$

式中，v_i 为第 i 个零模信号下的电压；v_σ 为智能电网管理水平评价标准电压；w 为电压幅值，根据智能电网管理水平评价指标特征分析，进行量化分解和信息融合管理。

7.5.2　熵权分析

本节进行智能电网管理水平评价的熵权指标参数分析，提取智能电网管理水平评价体系的熵权特征量，结合大数据挖掘和智能调度，得到智能电网管理水平评价指标量化评价的工频零序电压为

$$V_{x_n} = \omega x_i^c - (1+\omega)x_i^{c-1} + V, \quad i = 1, 2, \cdots, n \tag{7-18}$$

式中，c 为迭代次数。

输出的智能电网管理水平评价指标量化评价的熵权分布为

$$E_e = \sum_{i=1}^{\sigma} V_i^2 + \sum_{i=1}^{n} V_{x_n}^i \tag{7-19}$$

基于最大负荷电流检测方法，得到负荷端的关联函数 $C(\tau)$ 为

$$C(\tau) = E_e + \lim_{A \to \infty} \frac{1}{A} \int_A^{-A} x(t)x(t+\tau)\mathrm{d}\tau \tag{7-20}$$

式中，C 为 t 和 $t+\tau$ 时刻智能电网管理水平评价指标量化评价统计数据 A 变化的关联度，根据关联度进行 A 的模糊度检测，得到智能电网管理水平评价指标评价的三阶自相关特征为

$$B_{or3} = \frac{\left\langle \left(q_n + \overline{q}\right)\left(q_{n-g} + \overline{q}\right)\left(q_{n-G} + \overline{q}\right) \right\rangle}{\left\langle \left(q_n - \overline{q}\right)^3 \right\rangle} \tag{7-21}$$

式中，q_n 为智能电网管理水平评价指标的线性离散时间序列；g 为采样时延；G 为智能电网管理水平评价指标分布的空间时间间隔，$G = 2g$；$\overline{q}$ 为均值；$\langle \cdot \rangle$ 表示取均值，即

$$\left\langle q(n) \right\rangle = \frac{1}{N} \sum_{n=1}^{N} q(n) \tag{7-22}$$

根据电网中交流节点轮换调度的方法，得到智能电网管理水平评价的熵权特征量为

$$Y(\tau) = E_e - \ln \frac{x_n(\tau)}{\sigma} \tag{7-23}$$

通过熵权分析智能电网管理水平评价的熵权特征量以及全网条件下的电压电流变化分布，进行智能电网管理水平评价。

7.5.3　智能电网管理水平评价量化处理

本节进行智能电网管理水平评价的熵权指标参数分析，提取智能电网管理水平评价体系的熵权特征量，结合大数据挖掘和智能调度，实现智能电网管理水平评价指标的量化处理。根据智能电网管理水平评价指标量化分析的电流输出 I 进行关联分析，得到关联权重系数为

$$D = (d_1, I_1), \ (d_2, I_2), \cdots, \ (d_n, I_n), \ d_n \in [0,1] \tag{7-24}$$

分析网络节点导纳，得到母线电压幅值，通过熵权调度，得到智能电网管理水平评价指标量化回归分析结果为

$$J_\alpha(E_e) = \sum_{i=1}^{c} \omega_{ic}^{\alpha} (d_{ic})^2 - V \tag{7-25}$$

式中，α 为智能电网管理水平评价指标量化评价的解耦系数，通过上述分析，实现智能电网管理水平评价指标量化评估。

7.6　本　章　小　结

本章构建了省级电网公司六大类管理指标体系：坚强性综合管理指标、可靠性综合管理指标、经济性综合管理指标、环保性综合管理指标、互动性综合管理指标与高效性综合管理指标。应用层次分析法与熵权法分别计算综合管理指标主观权重与客观权重，通过线性加权组合法确定综合管理指标权重，并基于柯布-道格拉斯生产函数评估综合管理效率，实现综合管理指标复杂性评估系统的运行。通过提取智能电网管理水平评价体系的熵权特征量，结合大数据挖掘和智能调度，进行智能电网管理水平评价指标的量化评价。

参 考 文 献

[1] 沈懿, 施红明, 郭佳, 等. 人工智能助力电力企业数字化转型: 国家电网基于人工智能推进数字化转型的实践[J]. 通信管理与技术, 2021, (3): 23-26.

[2] 杜舒明, 梁雪青, 赵小凡, 等. 基于物联网的电网数字化管理平台构建[J]. 数字技术与应用, 2021, 39(12): 225-227.

[3] 姚良忠, 朱凌志, 周明, 等. 高比例可再生能源电力系统的协同优化运行技术展望[J]. 电力系统自动化, 2017, 41(9): 36-43.